数码复印机维修指南丛书

数码复印机纸路系统维修指南

主编　　陈报春
参编　　李培生　　高洪亮　　杨文平　　陈华春
　　　　李志彬　　侯震羽　　陈中达

国防工业出版社
·北京·

图书在版编目(CIP)数据

数码复印机纸路系统维修指南/陈报春主编．—北京:国防工业出版社,2013.10

(数码复印机维修指南丛书)

ISBN 978-7-118-09040-6

Ⅰ.①数…　Ⅱ.①陈…　Ⅲ.①复印机 – 维修 – 指南
Ⅳ.①TS951.47 – 62

中国版本图书馆 CIP 数据核字(2013)第 223800 号

※

国防工业出版社出版发行

(北京市海淀区紫竹院南路23号　邮政编码 100048)
北京嘉恒彩色印刷责任有限公司
新华书店经售

*

开本 710×960　1/16　印张 18¾　字数 336 千字
2013 年 10 月第 1 版第 1 次印刷　印数 1—3000 册　定价 48.00 元

(本书如有印装错误,我社负责调换)

国防书店:(010)88540777　　发行邮购:(010)88540776
发行传真:(010)88540755　　发行业务:(010)88540717

前　言

在数码复印机故障集合中,表现各异的卡纸故障约占30% 。数码复印机偶尔卡纸不足虑。如果频繁卡纸,则会产生一系列问题:如降低工作效率;排除卡纸时复印纸上未定影的色粉溅落污脏机器,缩短保养周期;溅落的色粉在定影辊处聚积,反复热熔形成粉痂,粉痂会加大热辊表面与热敏电阻(负温度系数)间隙,导致定影温度异常升高,产生过量的色粉热熔气体(一种复印公害)等。

根据卡纸现象,可将卡纸故障分为静态卡纸和动态卡纸。静态卡纸如开机显示卡纸、没卡纸显示卡纸;动态卡纸如卡大纸(B4 或 A3)不卡小纸(B5 或 A4)或卡小纸不卡大纸;主机卡纸如进纸卡纸、机腔卡纸、排纸卡纸或特定区域如对位卡纸、分离卡纸、输送卡纸和定影卡纸;选件卡纸如大容量纸箱(侧纸仓)卡纸、分页器卡纸、装订器卡纸;卡稿——ADF 或 RADF 卡纸。根据时序,可将卡纸故障分为延时卡纸、滞留卡纸和开门/开盖卡纸。复印纸头(引导边)未在规定时刻到达检测传感器为延时卡纸,复印纸尾端未在规定时刻通过检测传感器为滞留卡纸。开门/开盖卡纸是指复印过程中机器的某个门/盖被打开导致卡纸(机器放置不平、震动导致门开关/盖开关——微动开关或光电开关误动作引起)。

就数码复印机纸路系统而言,CPU 的指令驱动电机、电机驱动各种负载动作,电磁离合器或电磁开关控制各种轮或辊动作的起始时刻,光电开关对复印纸运行进行实时检测。研究数码复印机的纸路系统,既要比较数码复印机的纸路形式、功能单元、元件及其组合特点,又要掌握检查电机及轮和辊、电磁离合器、电磁开关的动作情况,掌握光电开关的位置和检查方法。

可以将看似复杂和表现各异的数码复印机的卡纸故障归纳成两种:一种是光电开关检测到异常情况;另一种是光电开关本身故障,如污脏或位移造成误检测。理光 af1035 和 af1035p、基士得耶 3502 和 3502p、萨文 2535 和 2535p、雷利 5635 等数码复印机使 I/O 板上 DIPSW101-2 ON,可断开主机(不包括选件)卡纸检测光电开关试印;理光 af1045 和 af1045p、基士得耶 4502 和 4502p、萨文 2545 和 2545p、雷利 5645 等数码复印机使 I/O 板上 DIPSW101-2 OFF,可断开主机(不包括选件)卡纸检测光电开关试印。如果断开卡纸检测光电开关后机器不再卡纸,卡纸的原因在光电开关;如仍卡纸,可排除光电开关方面的原因。但并非所有数码复印机都具有这样的功能。

对数码复印机纸路系统而言,起相同作用的光电开关存在不同叫法的情况。如纸量传感器、纸水平传感器和纸接近用完传感器,其实是用两个光电开关检测纸盒中的纸。纸水平传感器的称谓侧重原理,纸量传感器和纸接近用完传感器的称谓侧重结果。类似地,起相同作用的元件或选件也有不同的称谓,如纸盒与纸盘(cabinet、cassette、drawer、tray 有时意义相同,有时则有别)、轮与辊(roller 可以翻译成轮或辊,有时 roll 译成轮,roller 译成辊)等,维修人员应注意区别。

编者多年从事复印技术维修培训工作,深感用一本书概括数码复印机维修的方方面面恐难深入,所以产生了把数码复印机维修中的核心问题进行专门研究的想法。这个想法得到国防工业出版社王祖珮编审的大力支持。本书是"数码复印机维修指南丛书"之一。

本书以佳能、理光、基士得耶、萨文、雷利、东芝、柯尼卡美能达和震旦等 30 多种型号数码复印机为例,系统地介绍数码复印机的纸路系统,详细介绍数码复印机纸路系统的维修内容及分析、判断和排除卡纸故障的方法,希望能对同行工作有所帮助。

本书由陈报春任主编并统稿。高洪亮参编了第 1 章和第 2 章,杨文平和陈华春参编了第 3 章,李培生和陈中达参编了第 4 章,李志彬和侯震羽参编了第 5 章。李培生和陈中达还对本书参考的英文技术资料做了摘要和翻译。以上同志多次担任复印技术培训班的实习指导教师,对本书内容的取舍和细节提出了许多建设性意见。

由于实践经验有限,书中难免存在不足和不妥之处,诚请读者指正。对本书的任何意见,欢迎用 E-mail 发至 bc_chen@163.com 联系。

编者

2013 年 7 月

目　录

第1章　数码复印机纸路系统维修概述

复印机显示卡纸时禁止复印。在数码复印机故障集合中,表现各异的卡纸故障约占30%。研究数码复印机纸路系统的目的,在于掌握复印纸通过机器的路径及控制过程,分析和排除卡纸故障。

1.1　数码复印机的纸路形式

1.1.1　"凹肚"型机器的纸路

中低速数码复印机以"凹肚"型为主,55～70 张 A4/min 的机器也有一些是"凹肚"型。图1－1是典型"凹肚"型机器的纸路。"凹肚"部分用做接纸盘,对数码复印机小型化有利。但应明确,"凹肚"虽为数码复印机的流行特征,但并非必然特征。

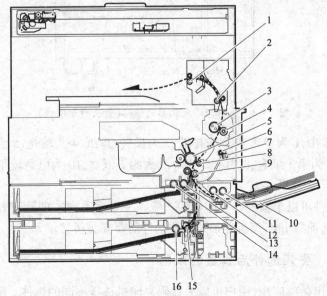

图1－1　"凹肚"型机器的纸路(箭头所示虚线)

图1-1中,1为排纸轮,2为输送轮,3为热辊,4为压力辊,5为光导鼓,6为双面输送从动轮,7为双面输送轮,8为转印辊,9为对位辊,10为手送纸盘,11为手送纸搓纸轮,12为手送纸输送轮,13为上纸盒搓纸轮,14为上纸盒输送轮,15为下纸盒搓纸轮,16为下纸盒输送轮。

1.1.2 非"凹肚"型机器的纸路

许多50张A4/min以上的数码复印机为非"凹肚"型。图1-2是典型非"凹肚"型机器的纸路。

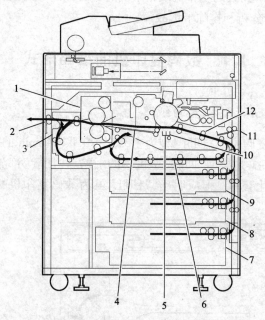

图1-2 非"凹肚"型机器的纸路(箭头所示实线)

图1-2中,1为定影器,2为排纸,3为反转/排纸,4为输送,5为电晕分离,6为ADU,7为第3纸盒,8为第2纸盒,9为第1纸盒,10为电晕转印,11为手送纸台,12为第2供纸。

加装选件可以丰富数码复印机的功能。一般地说,非"凹肚"型机器可以直接加装选件,而"凹肚"型机器加装某些选件需要安装桥接单元。

1.1.3 安装选件后机器的纸路

为了突出某项应用,用户可以为数码复印机选择不同的选件。图1-3所示为同一主机安装封面接纸盘(封面纸路)和安装9格分页器后的纸路。

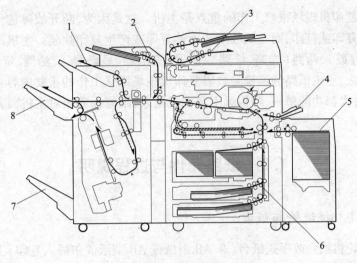

（a）安装封面接纸盘后的纸路

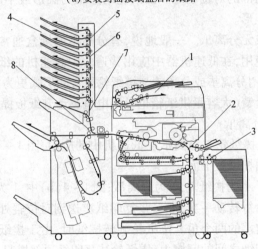

（b）安装9格分页器后的纸路

图1-3　安装选件后机器的纸路（箭头所示）

图1-3(a)中,1为校验接纸盘,2为封面纸路,3为原稿纸路,4为手送纸台,5为LCT,6为垂直输送纸路,7为最终加工器纸盘2,8为最终加工器纸盘1;图1-3(b)中,1为原稿纸路,2为垂直输送纸路,3为LCT,4为可选纸盘,5为转门,6为分页纸路,7为活门1,8为活门2。

就一台具体型号的数码复印机而言,选件可能有多种,用户可根据需要选配。但应注意两种情况:一种是某些选件具有排它性;另一种是某功能元件在一些机器中是选件,而在另一些机器中则是标配件。

数码复印机现场维修工作的重点是主机。这是因为，断开故障选件并不影响主机的复印或打印，而主机故障或不能复印或产生复印缺陷。主机维修又以一鼓（光导鼓）、两路（光路、纸路）、四器（充电器、显影器、清洁器、定影器）为主。换言之，主机纸路的维修是数码复印机现场维修工作的重要内容之一。事实上，选件大都功能单一，结构远不及主机复杂，维修保养相对主机而言也相对简单。

1.2　纸路元件与过程说明

1.2.1　搓纸轮与纸盒

搓纸轮将纸盒或手送纸台（非 AB 型纸或 AB 型纸偶尔插入复印）上的复印纸顺序送到机器内部的对位辊处。搓纸轮的形状为圆形或半圆形，搓纸轮轴的横截面为圆形或矩形。

纸盒可以有或无分离爪。一般地说，有分离爪的纸盒通常与半圆形搓纸轮和升纸弹簧配合使用，在低速机器中应用普遍。中高速机的纸盒则多无分离爪也无升纸弹簧，使用分离垫或分离轮与搓纸轮配合的形式更为常见，用电机驱动升纸板取代升纸盒簧（大容量供纸箱也是用电机驱动升纸板提升复印纸）。

1. 搓纸轮与分离爪

图 1-4(a)是搓纸轮与分离爪在低速机中的应用，图 1-4(b)所示的升纸弹簧安装在机器的托纸板下面。

图 1-4(a)中，1 为搓纸轮，2 为分离爪；图 1-4(b)中，1 为升纸弹簧。

半圆形搓纸轮每转动一次，把一张复印纸搓送到对位辊处。两个分离爪固定纸盒内复印纸前端的两个角。搓纸轮旋转搓纸时，由于搓纸轮和复印纸之间的摩擦力大于复印纸之间的摩擦力，搓纸轮从复印纸顶部搓起一张复印纸；由于复印纸前端的两个角被分离爪压住，被搓起的复印纸头成弯曲状，从两分离爪下释放出来并在搓纸轮的作用下到达对位辊处。

2. 搓纸轮与分离垫

图 1-5 所示为搓纸轮与分离垫的工作原理。若只有 1 张复印纸被搓起，复印纸将顺利到达对位辊处；若有 2 张（或 2 张以上）复印纸被同时搓起，由于复印纸与分离垫间的摩擦系数大于复印纸之间的摩擦因数，也只有最上面 1 张复印纸能顺利到达对位辊处。

从预防一次搓起两张（或多张）复印纸的角度看，搓纸轮与分离垫组合较搓纸轮与分离爪组合的可靠性高。

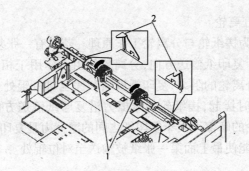

（a）搓纸轮与分离爪

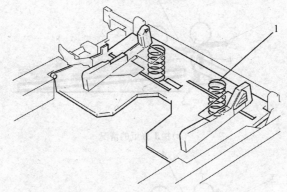

（b）升纸弹簧

图1-4 搓纸轮、分离爪与升纸弹簧

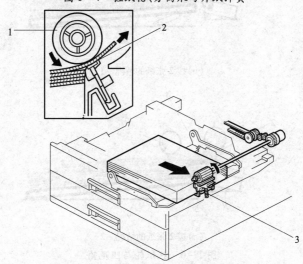

图1-5 搓纸轮与分离垫

图1-5中,1为搓纸轮,2为复印纸,3为分离垫压力弹簧。

3. 搓纸轮与分离轮

图1-6所示为搓纸轮与分离轮工作原理。若只有一张复印纸被搓起,搓纸轮的摩擦力作用于复印纸输送方向,分离轮的阻力作用于相反方向。由于搓纸轮的摩擦力大于分离轮的阻力,复印纸被顺利搓至对位辊处;若有2张(或2张以上)复印纸被同时搓起,搓纸轮的摩擦力沿复印纸输送方向作用于第一张复印纸。由于搓纸轮的摩擦力大于复印纸之间的摩擦力且复印纸之间的摩擦力与输送方向相反,也能使最上面第一张纸被输送至对位辊处。

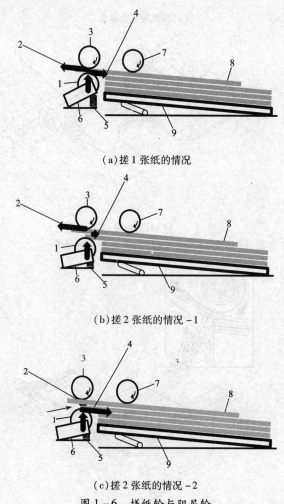

(a)搓1张纸的情况

(b)搓2张纸的情况-1

(c)搓2张纸的情况-2

图1-6 搓纸轮与阻尼轮

对于第二张复印纸,是复印纸间的摩擦力作用于输送方向,分离轮的阻力作用于相反方向。由于分离轮的阻力大于复印纸间的摩擦力,从而避免第二张复印纸被同时输送。

从预防一次搓起两张(或多张)复印纸的角度看,搓纸轮与分离轮组合较搓纸轮与分离垫组合具有更高的可靠性。

图1-6(a)中,1为分离轮,2为搓纸轮摩擦力,3为搓纸轮,4为分离轮阻力,5为弹簧,6为支撑组件,7为轻推轮,8为复印纸,9为升纸板;图1-6(b)中,1为分离轮,2为搓纸轮摩擦力,3为搓纸轮,4为复印纸间的摩擦力,5为弹簧,6为支撑组件,7为轻推轮,8为复印纸,9为升纸板;图1-6(c)中,1为分离轮,2为复印纸间摩擦力,3为搓纸轮,4为分离轮阻力,5为弹簧,6为支撑组件,7为轻推轮,8为复印纸,9为升纸板。

1.2.2 对位辊

对位辊的作用是使光导鼓表面的色粉像转印到复印纸上的正确位置。对位辊成对使用,为金属辊与橡胶辊的组合。当复印纸头到达对位辊处时,对位辊不转,搓纸轮(或输送轮或中继轮)略转片刻,使复印纸在对位辊处对齐,而后对位辊转动输送复印纸。图1-7所示为纸盒供纸和手送纸通过对位辊处(箭头所示为复印纸运行方向)。

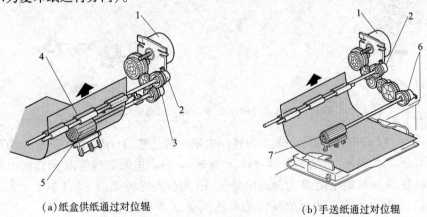

(a)纸盒供纸通过对位辊　　　　　　　　(b)手送纸通过对位辊

图1-7　纸盒供纸和手送纸通过对位辊

图1-7中,1为主电机,2为对位离合器,3为搓纸离合器,4为对位辊,5为搓纸轮,6为手送纸离合器,7为手送纸搓纸轮。

纸盒供纸时,主电机驱动对位离合器和搓纸离合器齿轮,两离合器传输动力到对位辊和搓纸轮;手送纸时,主电机驱动对位离合器和手送纸离合器齿轮,手送纸离合器驱动手送纸搓纸轮。

1.2.3 转印分离与输送

转印是指将光导鼓表面的色粉像转移到复印纸上的过程。分离是使转印后的复印纸脱离光导鼓的过程。输送是将经过转印分离的复印纸传输至定影器的过程。在数码复印机中,转印分离与输送过程可分为电晕转印+电晕分离+输送带输送、转印辊转印+消电板分离+辊间动力输送和转印带系统顺序完成转印分离输送过程。

1. 电晕转印+电晕分离+输送带输送

图 1-8 是电晕转印+电晕分离+输送带输送过程(箭头所示为空气气流方向)。

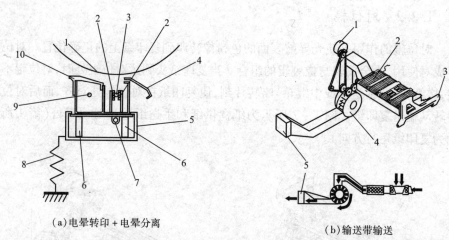

(a)电晕转印+电晕分离　　　　　　(b)输送带输送

图 1-8　电晕转印+电晕分离+输送带输送

图 1-8(a)中,1 为光导鼓,2 为转印电晕丝清洁垫,3 为转印电晕丝,4 为预转印导板,5 为转印/分离电晕器导轨,6 为转印/分离电晕器弹簧,7 为转印电晕丝清洁杆,8 为接地电阻,9 为分离电晕丝,10 为分离导板;图 1-8(b)中,1 为驱动电机,2 为输送带,3 为释放杆,4 为负压风扇,5 为臭氧过滤器。

在复印纸背面施加转印电晕(与色粉带电极性相反),使光导鼓表面的色粉像转移到复印纸上形成可视色粉图像(但此时的色粉图像未经定影可以抹掉)。与此同时,复印纸受光导鼓表面静电吸引,有随光导鼓旋转的趋势。在复印纸背面施加分离电晕(AC 电晕)可中和光导鼓对复印纸的吸引,使复印纸在自身重力作用下与光导鼓分离(另有光导鼓分离爪辅助分离)。

复印纸经分离导向板至输送带部分。负压风扇的作用是使复印纸紧贴在输送带上,这对保证连续复印时不卡纸尤其重要。

2. 转印辊转印 + 消电板分离 + 辊间动力输送

图 1-9 是转印辊转印 + 消电板分离 + 辊间动力输送过程(箭头所示为转印辊与光导鼓的转动方向)。

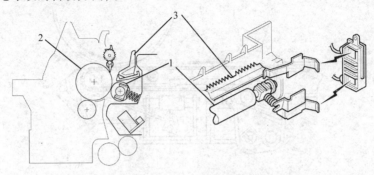

(a)转印辊、消电板与光导鼓的位置

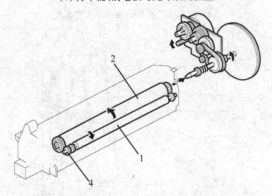

(b)转印辊与光导鼓的驱动与转动方向

图 1-9　转印辊转印 + 消电板分离 + 辊间动力输送

图 1-9 中,1 为转印辊,2 为光导鼓,3 为消电板,4 为齿轮。

转印辊与光导鼓表面接触,两者同时驱动(驱动光导鼓的动力通过齿轮驱动转印辊),高压板向转印辊提供直流正电流(与充电辊电流极性相同)将光导鼓表面的色粉像吸引到复印纸上。此时复印纸因受光导鼓表面静电吸引,有随光导鼓旋转趋势。

消电板(负直流电流,齿状板)作用于复印纸背面,可中和光导鼓对复印纸的吸引,光导鼓的曲率及安装位置也对复印纸与光导鼓的分离起辅助作用。

这种方法在中低速机器中应用广泛。复印纸的输送动力由搓纸轮、对位辊、转印辊与光导鼓、输送辊传递,复印纸最后到达和通过定影器。在"凹肚"型机器中,复印纸多利用轮辊间动力输送。

3. 转印带系统顺序完成转印分离输送过程

图 1-10 是转印带系统顺序完成转印分离输送过程(直线箭头为转印带与复印纸运行方向,曲线箭头为光导鼓转动方向)。

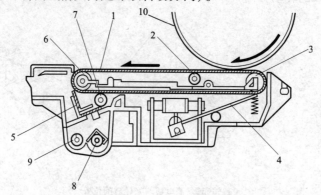

(a)非"凹肚"型机器使用转印带系统

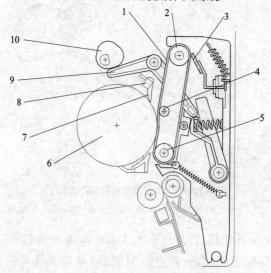

(b)"凹肚"型机器使用转印带系统

图 1-10 转印带系统顺序完成转印分离输送过程

图 1-10(a)中,1 为转印带,2 为转印辊,3 为转印带驱动辊,4 为转印带提升杆,5 为转印带清扫刮板,6 为从动辊,7 为清洁辊,8 为废粉搅拌器,9 为废粉收集螺旋管,10 为光导鼓;图 1-10(b)中,1 为转印带,2 为转印带驱动辊,3 为转印带清扫刮板,4 为转印辊,5 为从动辊,6 为光导鼓,7 为分离爪,8 为 ID 传感器,9 为接触杆,10 为接触离合器/凸轮。

转印带具有高阻抗和保持高电位的特性,能把光导鼓上的色粉像吸引到复印纸上。同时,高电位也吸引复印纸,这有助于复印纸与光导鼓分离。复印纸在转印带上传输至定影器,即转印带系统顺序完成转印分离输送过程。

必须说明,使用转印带系统顺序完成转印分离输送过程的机器,不局限于非"凹肚"型机器。图1-10(b)为"凹肚"型机器使用转印带系统顺序完成转印分离输送过程的实例。

1.2.4 定影

定影是使色粉像在复印纸上固化、形成可用复印件的过程。数码复印机普遍使用热压定影方法。具体地,热膜定影使用陶瓷加热器,在佳能的每分钟50张以下的数码复印机中应用较为广泛。热辊(聚四氟乙烯覆膜的金属棍)定影使用卤钨灯加热器或IH(电感)加热器,热辊内部安装1~3支卤钨灯或IH线圈。其中,使用卤钨灯加热器的热辊最为常见,在东芝和佳能的某些数码复印机陆续使用IH加热器。3种加热器均需与压力辊(氟化乙烯树脂覆膜的硅酮橡胶辊)配合使用。

图1-11是热膜定影器,图1-12是卤钨灯做加热器的热辊定影器,图1-13是IH线圈做加热器的热辊定影器的平面图。

图1-11(a)中,1为定影膜,2为陶瓷加热器,3为导向板,4为压力辊(箭头所示为旋转方向),5为清洁辊,6为排纸轮;图1-11(b)中,1为定影膜,2为陶瓷加热器,3为分离导向板,4为排纸轮,5为压力辊,6为导向板(箭头所示为复印纸运行方向)。

图1-12(a)中,1为底座,2为压力辊,3为导向板,4为排纸座导向板,5为清洁辊,6为排纸下导向板,7为压力辊分离爪,8为热辊,9为定影器上导向板,

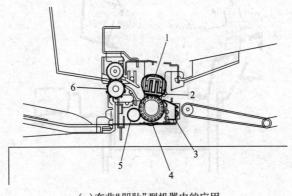

(a)在非"凹肚"型机器中的应用

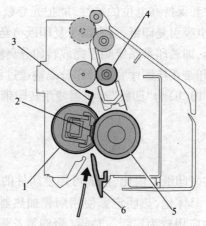

（b）在"凹肚"型机器中的应用

图 1-11　热膜定影器

10 为支撑板,11 为温控器,12 为热敏电阻 M,13 为热敏电阻 S,14 为定影灯 L,15 为定影灯 M,16 为定影灯 S,17 为清洁器架,18 为清洁带压力辊,19 为清洁带,20 为清洁器盖,21 为上盖,22 为上排纸板,23 为排纸上导向板,24 为热辊分离爪;图 1-12(b)中,1 为排纸传感器,2 为抗卷曲轮,3 为活门,4 为惰轮(双面器),5 为过纸传感器,6 为弹簧,7 为过纸导向板,8 为压力辊,9 为压力臂,10 为清洁辊,11 为导向板,12 为定影灯(中间),13 为定影灯(两端),14 为热敏电阻(中间/两端),15 为温控器(中间),16 为热辊,17 为热辊分离爪,18 为排纸轮。

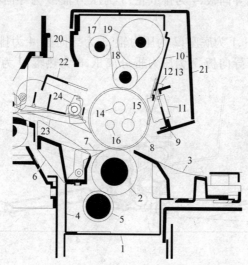

（a）在非"凹肚"型机器中的应用

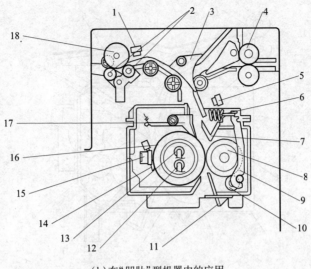

(b)在"凹肚"型机器中的应用

图 1 - 12　热辊定影器

图 1 - 13(a)中,1 为 IH 线圈,2 为快门静电消除器 1,3 为热辊静电消除器,4 为清洁带压力辊,5 为清洁带辊,6 为清洁带回收辊,7 为清洁带,8 为 IH 加热器,9 为快门静电消除器 2,10 为热辊分离爪,11 为压力辊静电消除器,12 为压力辊,13 为导向板,14 为热辊;图 1 - 13(b)中,1 为 IH 线圈,2 为热辊,3 为压力辊,4 为清洁辊,5 为分离爪,6 为排纸传感器,7 为排纸轮,8 为温控器,9 为热敏电阻。

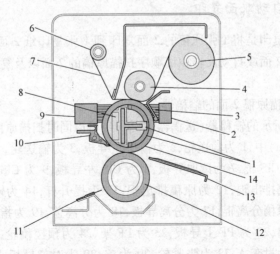

(a)在非"凹肚"型机器中的应用

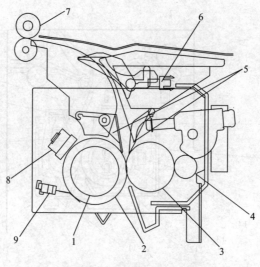

（b）在"凹肚"型机器中的应用

图 1 - 13　IH 定影器

维修人员应当注意，导向板在非"凹肚"型机器与"凹肚"型机器中的安装位置有别。导向板的安装位置不当或其上有色粉的热熔粉痂，是导致定影器频繁卡纸的重要原因。

热辊与压力辊转动还是复印纸传输的动力。在保证色粉像能牢固定影的前提下，热辊与压力辊间的压力宜小而均匀。

1.2.5　自动双面复印

自动双面复印是将 1 张原稿的 2 面复印到 1 张复印纸 2 面的过程，包括同时扫描原稿的 2 面或自动反转原稿顺序扫描原稿的 2 面以及复印纸自动反面等内容。

1. 同时扫描原稿 2 面的输稿器

图 1 - 14 所示的输稿器（送稿器、进稿器）可以同时扫描原稿的 2 面。

图 1 - 14（a）中，1 为输送轮，2 为输送左导板，3 为输送轮，4 为输送轮，5 为双面导板，6 为 CIS 辊，7 为读取导板，8 为 CIS 左导板，9 为 CIS，10 为原稿排出导板，11 为原稿排出辊，12 为原稿排出辊，13 为提升杆，14 为输送辊，15 为 PF 下导板，16 为原稿分离辊，17 为分离导板，18 为分离盖，19 为指针盖，20 为提升台，21 为提升垫，22 为 PF 上导板，23 为 LF 架，24 为预搓稿轮，25 为衬套 B，26 为输稿带，27 为衬套 A，28 为张紧轮，29 为盖，30 为对位导板，31 为对位辊，32 为输送轮，33 为对位轮，34 为盖导板，35 为排纸轮，36 为接稿盘；图 1 - 14（b）

14

中,箭头所示为原稿路径。

机器从读取导板处读取原稿的正面,从 CIS 处读取原稿的背面。这种同时扫描原稿 2 面的方法,既能提高扫描效率,又能有效地降低卡稿故障率。

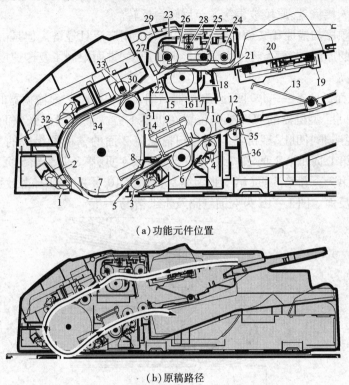

(a)功能元件位置

(b)原稿路径

图 1 - 14　同时扫描原稿 2 面的输稿器

2. 顺序扫描原稿 2 面的输稿器

图 1 - 15 所示的输稿器可以顺序扫描原稿的 2 面。

图 1 - 15(a)中,1 为第 1 输送辊,2 为对位传感器,3 为扫描玻璃,4 为扫描导板,5 为第 2 输送辊,6 为排稿辊;图 1 - 15(b)中,1 为第 1 输送辊,2 为对位传感器,3 为出口传感器,4 为活门,5 为反转辊,6 为排稿辊,7 为第 2 输送辊;图 1 - 15(c)中,1 为反转台,2 为扫描玻璃,3 为接稿盘。

扫描单面原稿时,搓纸带将单面原稿送至第 1 输送辊。对位传感器检测到原稿头时,第 1 输送辊稍停片刻。稍后第 1 输送辊以较慢的速度转动,使原稿在扫描玻璃与扫描导板之间通过扫描原稿。原稿经第 2 输送辊和排稿辊至接稿盘。

扫描双面原稿时,对位传感器检测到原稿纸头后第 1 输送辊稍停片刻。稍后第1和第2输送辊、排纸辊转动扫描原稿的正面;出口传感器检测到原稿纸头后打开活门,原稿输向反转台。原稿尾端通过出口传感器后关闭活门,原稿开始由反转辊输送,随排纸辊和第1输送辊转动扫描原稿的背面。为使原稿正面朝下顺序进入接稿盘,原稿被再次送至反转台反转。

这种顺序扫描原稿2面的方法技术成熟应用广泛且经济。但是由于原稿需多次反转的原因,在很大程度上限制了扫描速度,进而限制了复印速度。卡稿的故障率也高。

3. 双面纸路1——非"凹肚"型机器与同时扫描原稿2面输稿器的组合

非"凹肚"型机器的双面纸路位置在机器下方。下面以4张双面原稿的复印为例,说明非"凹肚"型机器与同时扫描原稿2面的输稿器组合的复印过程。第1张为第1页和第2页,第2张为第3页和第4页,第3张为第5页和第6页,第4张为第7页和第8页(第5张为第9页和第10页)。其中,奇数页为正面,偶数页为反面。图1-16为双面纸路及走纸情况。

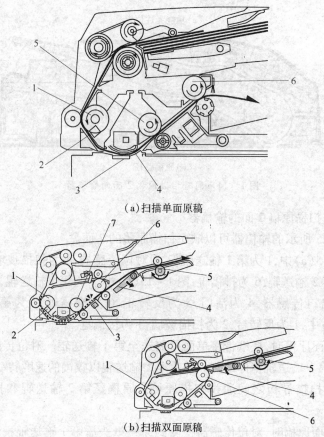

(a)扫描单面原稿

(b)扫描双面原稿

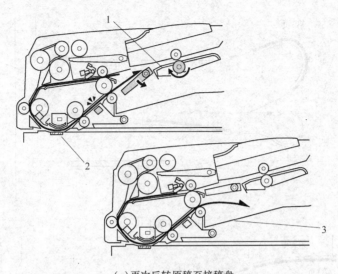

（c）再次反转原稿至接稿盘

图1-15 顺序扫描原稿2面的输稿器

　　图1-16(a)中,1为双面输送上导板,2为双面输送下导板,3为双面下导板,4为供纸皮带轮,5为供纸皮带轮,6为双面输送辊C,7为双面输送辊B,8为双面输送辊A,9为双面回送辊,10为重送辊,11为供纸反转导板,12为双面回送换向导板,13为双面再供纸导板,14为传输皮带轮,15为双面供纸开关,16为中间盘导板,17为中间盘右导板,18为反转供纸杆,19为双面回送皮带轮,20为双面卡纸检测开关,21为供纸皮带轮,22为供纸皮带轮,23为双面输送开关1,24为双面输送开关2,25为双面输送开关3;图1-16(b)中,无复印件输出;图1-16(c)中,顺序输出复印件。

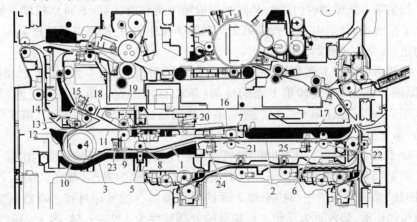

（a）双面部分

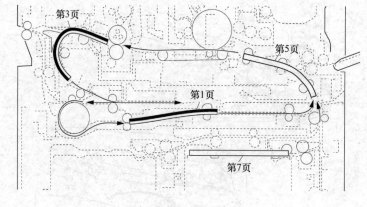

（b）复印循环1

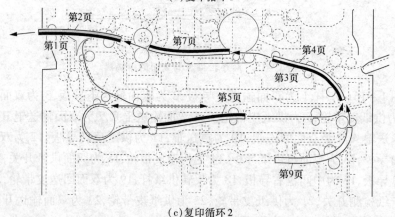

（c）复印循环2

图1-16 双面纸路1

    扫描第1张原稿时（注意,是同时扫描第1页和第2页,下同）,机器进纸复印第1张的正面（第1页）;扫描第2张和第3张原稿时,机器进纸顺序复印这2张的正面（第3页和第5页）。

    机器在处理第1张和第2张原稿数据的同时,扫描第4张（第7页和第8页）原稿。然后顺序复印第1张的反面（第2页）并输出、第4张的正面（第7页）、第2张的反面（第4页）并输出、第3张的反面（第6页）并输出、第5张的正面（第9页）、第4张的反面第8页并输出。

    4. 双面纸路2——非"凹肚"型机器与顺序扫描原稿2面输稿器的组合

    图1-17为双面纸路。下面以7张A4双面原稿的复印（横送）为例,说明非"凹肚"型机器与顺序扫描原稿2面的输稿器组合的复印过程。奇数页为双面原稿的正面,偶数页为反面。扫描页的处理顺序为1、2、…、14,图1-18为复印页的处理顺序,图1-19是双面复印过程的分解。

18

图 1–17 中,1 为活接门,2 为反转器,3 为双面纸盘。

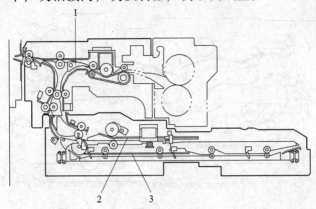

图 1–17　双面纸路

图 1–18 中,1~14 为复印页。加圈数字无/有阴影表示正/反面。

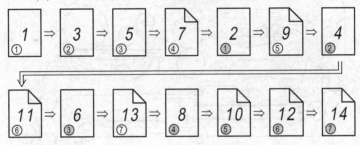

图 1–18　复印页处理顺序

图 1–19 中,图(a),顺序复印第 1 页、第 3 页、第 5 页和第 7 页;图(b),复印第 2 页(第 1 张的反面)、第 3、第 5 和第 7 页(第 2、第 3 和第 4 张纸)进入双面纸盘、第 9 页(第 5 张纸)进入机器;图(c),复印第 9 页(第 5 张正面)、排出第 1 张(第 1 页和第 2 页);图(d),第 9 页进入双面纸盘、第 11 页(第 6 张纸)进入机器、复印第 4 页(第 2 张反面);图(e),排出第 2 张(第 3 页和第 4 页)、复印第 11 页(第 5 张纸)并进入双面纸盘、复印第 6 页(第 3 张反面)排出第 3 张、第 13 页(第 7 张纸)进入机器并复印、复印第 8 页(第 4 张反面)排出第 4 张、复印第 10 页(第 5 张反面)排出第 5 张(第 9 页和第 10 页)、复印第 12 页(第 6 张反面)排出第 6 张、复印第 14 页(第 7 张反面)排出第 7 张(第 13 页和第 14 页)。

5. 双面纸路 3——"凹肚"型机器与同时扫描原稿 2 面输稿器的组合

"凹肚"型机器与同时扫描原稿 2 面的输稿器组合以夏普数码复印机最为典型。事实上,还可将数码复印机视为数码扫描仪与数码打印机的组合,如

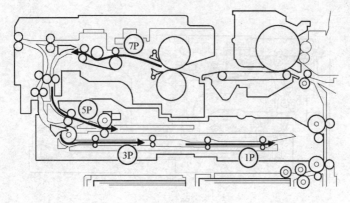

（a）复印过程1

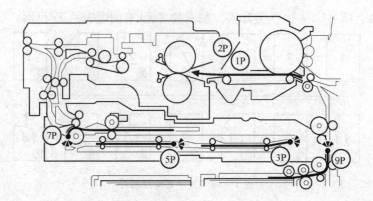

（b）复印过程2

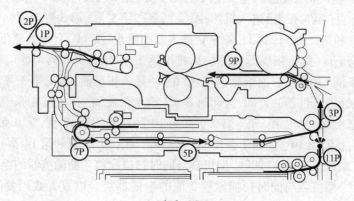

（c）复印过程3

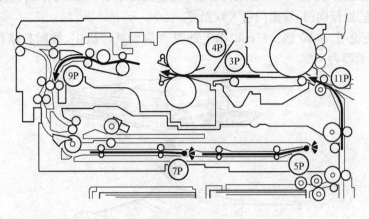

(d)复印过程4

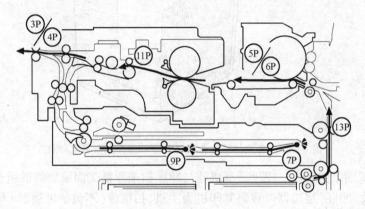

(e)复印过程5

图1-19 双面复印过程分解

图1-20所示(在夏普数码复印机中,数码扫描仪与同时扫描原稿2面的输稿器为一体化结构)。夏普数码复印机的核心是数码打印机,数码扫描仪是选件之一,这在30~40张A4/min的机器中最为常见。图1-21所示为数码扫描仪(输稿器)的主要功能元件与"凹肚"机器的纸路,箭头所示虚曲线为复印纸路径。

图1-20中,1为数码扫描仪,2为数码打印机。

图1-21(a)中,1为CIS,2为原稿对位辊,3为原稿对位前传感器,4为原稿放置传感器,5为原稿输送辊,6为分离板,7为原稿长度传感器,8为原稿宽度传感器,9为原稿输送电机,10为搓稿辊,11为排稿辊,12为排稿传感器;图1-21(b)中,1为主机(数码打印机),2为双面器/手送纸组件,3为纸柜,4为分页器;图1-21(c)中,反向门决定复印件排至"凹肚"或分页器;图1-21

21

(d)中,双面复印时,POP2(排纸传感器)检测到复印纸后缘时,排纸电机反转复印纸回送,经反向门、双面门进入双面器。

顺便说明,在50张 A4/min 以上的夏普数码复印机中,数码扫描仪(输稿器)和双面器为标配。

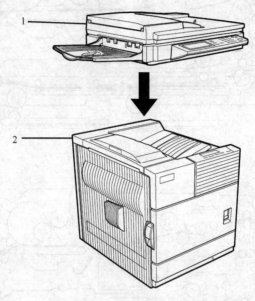

图 1-20　数码扫描仪与数码打印机组合成数码复印机

6. 双面纸路4——"凹肚"型机器与顺序扫描原稿2面输稿器的组合

多数"凹肚"型机器以数码复印机为主,扫描仪(不包括进稿器)与主机一体化。进稿器和双面器可为选件也可为标配。其中,双面器通常安装在机器的非"凹肚"侧。图 1-22(a)为主机纸路元件剖面图,图 1-22(b)为机器安装选件后的纸路。

图 1-22(a)中,1 为热辊,2 为入口传感器,3 为反转门,4 为反转辊,5 为压力辊,6 为上输送辊,7 为转印带,8 为光导鼓,9 为对位辊,10 为下输送辊,11 为双面排纸传感器,12 为手送纸盘,13 为手送搓纸轮,14 为手送纸无纸传感器,15 为手送进纸轮,16 为手送纸分离轮,17 为上中继辊,18 为进纸轮,19 为分离轮,20 为搓纸轮,21 为排纸活门,22 为排纸轮,23 为排纸传感器;图 1-22(b)中,1 为自动反转进稿器,2 为换面器,3 为双面器,4 为手送纸盘,5 为大容量纸仓,6 为纸盒组,7 为最终加工器,8 为桥接单元,9 为单格纸盘。

图 1-23 是自动双面进稿器的主要功能元件与单面和双面原稿的进稿过程。

22

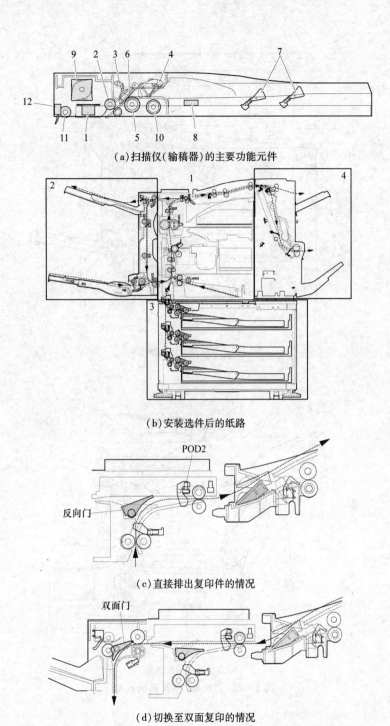

（a）扫描仪（输稿器）的主要功能元件

（b）安装选件后的纸路

POD2

反向门

（c）直接排出复印件的情况

双面门

（d）切换至双面复印的情况

图1－21　数码扫描仪（输稿器）中主要功能元件与"凹肚"机器的纸路

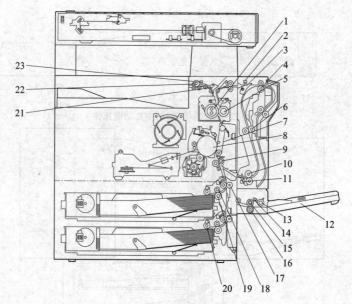

（a）主机纸路元件剖面图

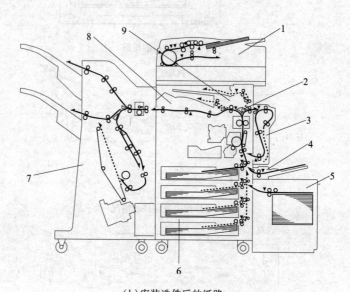

（b）安装选件后的纸路

图1-22　"凹肚"型机器的纸路

图1-23(a)中,1为搓稿轮,2为原稿盘,3为原稿长度传感器1,4为原稿长度传感器2,5为反转台,6为反转轮,7为活门,8为分离轮,9为排稿轮,10为排稿传感器,11为惰轮3,12为惰轮2,13为输送轮,14为对位传感器,15为惰轮1,16为间隔传感器,17为原稿宽度传感器,18为歪斜校准辊,19为进纸带;图1-23(b)中,间隔传感器1检测到原稿纸头,输送辊2和排稿轮3转动,原稿通过扫描区4,扫描后的原稿直接送到接稿盘5;图1-23(c)中,原稿通过扫描区,正面扫描完成后活门1打开,原稿送向反转台2;图1-23(d)中,排纸传感器1检测到原稿尾端后活门2关闭,反转辊3从反转台重输原稿;图1-23(e)中,原稿再次通过扫描区1,扫描原稿反面后二次进入反转台;图1-23(f)中,原稿再次通过扫描区(不扫描原稿),正面朝下堆放在接稿盘1。

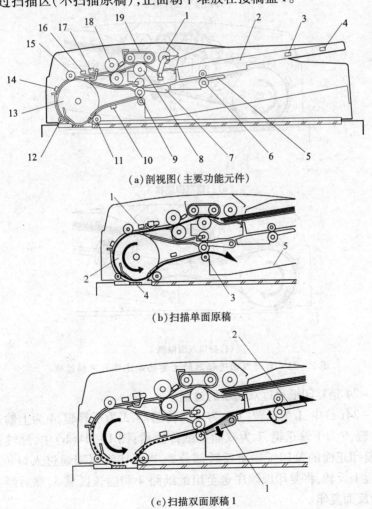

(a)剖视图(主要功能元件)

(b)扫描单面原稿

(c)扫描双面原稿1

25

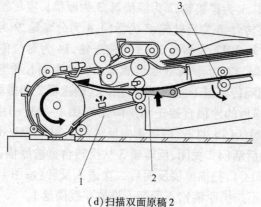

(d)扫描双面原稿2

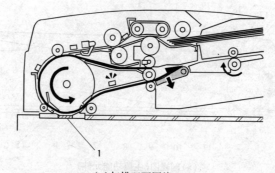

(e)扫描双面原稿3

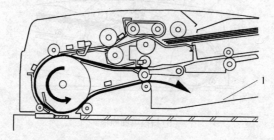

(f)扫描双面原稿4

图1-23　自动双面进稿器的主要功能元件与进稿过程

　　图1-24是复印纸通过双面器的过程。

　　图1-24(a)中,1为反转门,2为入口传感器,3为反转辊,4为上输送辊,5为中输送辊,6为下输送辊,7为双面排纸传感器;图1-24(b)中,反转辊1正转,将已复印正面的复印纸送至反转部分2,当复印纸尾端通过入口传感器3后,反转辊1反转,将复印纸顺序送至出纸纸路4和输送区域5,然后经主机对位辊进行反面复印。

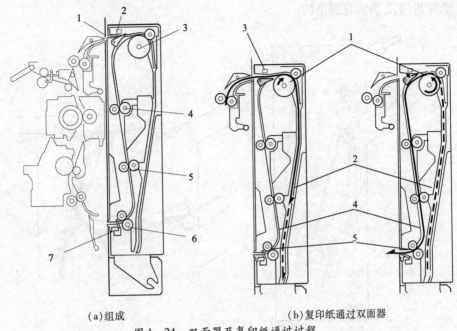

(a)组成　　　　　　　　　　　　(b)复印纸通过双面器

图1-24　双面器及复印纸通过过程

1.2.6　装订

从复印的角度,复印件通过定影器排出即形成可用的复印件。进一步,复印纸经单面/双面复印进入接纸盘或分页器,复印工作也已完成。但是从实用的角度,复印件有时需要折叠或装订(打孔或书钉装订或胶装)。从此意义上讲,装订器(小册子加工器或最终加工器)才是纸路的末端。

对于一台数码复印机的主机,选件可以有多种。但是有些选件是排它的。例如,500张最终加工器、1000张最终加工器、2纸盒最终加工器、鞍式加工器等,主机只能选装其一。此外,选件还可以有选件,例如打孔机可以是最终加工器的选件。另应注意选件内置与外置的情况。

图1-25是1000张最终加工器工作过程。复印件通过入口辊的走向,取决于两活门与装订模式的组合。纸盘活门关闭,复印件进入上纸盘(上纸盘模式);纸盘活门打开,装订器活门关闭,复印件进入下纸盘(分页/堆叠模式);两活门都打开,复印件向下进入齐纸机(装订模式)。

图1-25(a)中,1为上纸盘,2为上纸盘排纸辊,3为入口辊,4为纸盘活门,5为上输送辊,6为装订器活门,7为下输送辊,8为装订器,9为纸堆输出带,10

为定位辊,11 为移动辊,12 为下纸盘,13 为下纸盘排纸辊;图 1-25(b)中,1 为纸盘活门,2 为装订器活门。

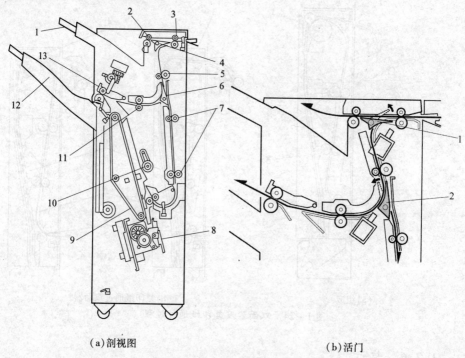

(a)剖视图　　　　　　　　　　　　(b)活门

图 1-25　1000 张最终加工器

图 1-26 是装订器工作原理。钉锤电机驱动装订钉锤。装订纸传感器检测装订位置处有无纸。装订传感器检测有无装订钉盒及装订钉盒中有无装订钉。无装订钉盒或无装订钉时,操作板上显示装订钉用完。装订头旋转初始位置传感器检测装订钉锤在每堆纸装订后是否回到初始位置。偶尔发生装订钉卡住的情况,拉出装订钉盒即能容易地取出卡住的装订钉。

图 1-26(a)中,1 为钉锤电机,2 为装订纸传感器,3 为装订传感器,4 为装订头旋转初始位置传感器,5 为装订钉盒;图 1-26(b)中,1 为装订器,2 为装订器初始位置传感器。

按下启动键,装订器从初始位置移动到装订位置。如选择两针装订模式:对于第一套复印件,装订器先移动到前装订位置装订,然后移动到后装订位置装订;对于下一套复印件,则是反序装订(先后再前,依次进行)。装订完成,装订器返回到初始位置。

图 1-27 是内置装订器。所谓内置,是将装订器安装在机器的"凹肚"部分,这样设计有利于机器小型化。

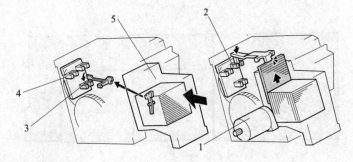

（a）主要功能元件

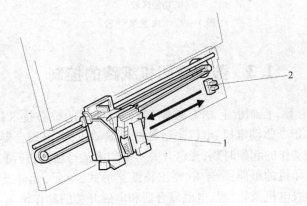

（b）移动

图1－26 装订器

图1－27(a)中,1为装订器,2为接头;图1－27(b)中,1为输送部分,2为对齐部分,3为装订部分,4为排出部分。

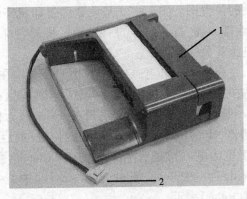

（a）外形

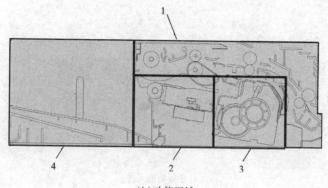

（b）功能区域

图1-27 内置装订器

1.3 数码复印机纸路的控制

复印时序由DC控制板上CPU控制（数码复印机的核心技术）。就纸路系统而言，CPU的指令驱动电机、电机驱动各种负载动作；电磁离合器或电磁开关控制各种轮/辊动作的起始时刻；光电开关对复印纸运行情况进行实时检测。所以，研究数码复印机的纸路系统，既要比较纸路形式、单元、元件及其组合的特点，还要掌握检查电机及轮/辊、电磁离合器和电磁开关的动作情况，掌握光电开关的位置和检查方法。看似复杂、表现各异的数码复印机的卡纸故障，都可以归纳成两种情况：一种是光电开关检测到异常；另一种是光电开关本身故障，如污脏或位移造成误检测。

图1-28是某数码复印机的外观、机器内部光电开关和辊的分布、电机和电磁离合器/电磁开关的位置图。图1-29是该数码复印机安装选件（大容量纸箱、鞍式装订器、封面插入器、打孔组件）后的外观、机器内部光电开关分布、电机和电磁离合器/电磁开关的位置图。

在图1-28中，主机的电机和电磁离合器/电磁开关均在透视图中标识，而在图1-29中，则是在平面图中标识的，维修人员应当注意这样的情况。

最后字母D（Detector）意为检测器，S或SEN（Sensor）为传感器，P（Position detector）为位置检测器，HP（Home Position）为初始位置；最后字母M（Motor）意为电机（MX或MOT也为电机）；最后字母C或CL（Clutch）意为电磁离合器，S或SL或SOL（Solenoid）为电磁开关。此外，图1-28（c）中1~78为各种功能轮或辊，通常用字母R（roller）表示。

后面各章将给出与纸路相关的电气元件的检查方法。更详细的内容，可参

30

考本丛书的第二册《数码复印机电气元件检查指南》。

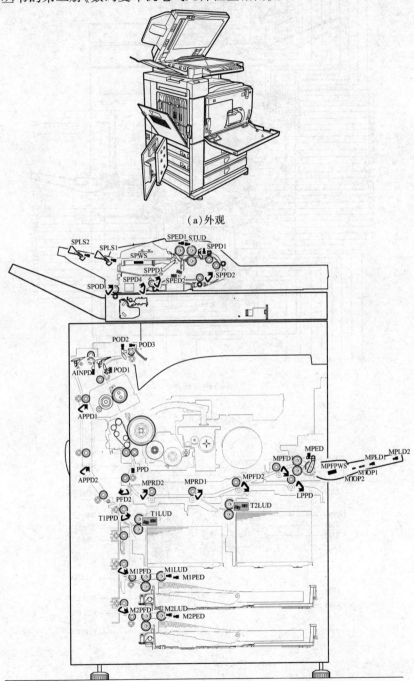

（a）外观

（b）光电开关

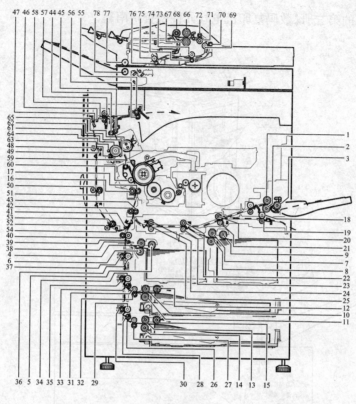

47 46 58 57 44 45 56 55　78 77　76 75 74 73 67 68 66　72 71 70 69

65
62
61
64
63
48
49
59
60
17
16
50
51
43
42
41
53
52
54
40
39
38
4
6
37

1
2
3

18
19
20
21
9
7
8
22
23
24
25
12
10
11

36 5 34 35 33 31 32 29　　30 28 26 27 14 13 15

(c)轮与辊

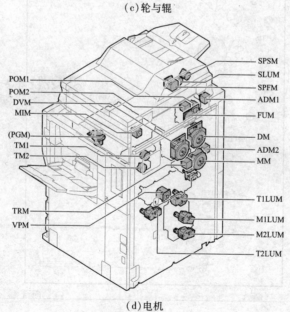

POM1
POM2
DVM
MIM
(PGM)
TM1
TM2

TRM
VPM

SPSM
SLUM
SPFM
ADM1
FUM
DM
ADM2
MM

T1LUM
M1LUM
M2LUM
T2LUM

(d)电机

32

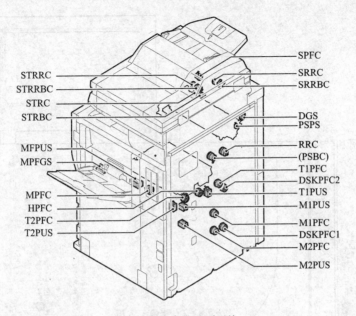

STRRC
STRRBC
STRC
STRBC
MFPUS
MPFGS
MPFC
HPFC
T2PFC
T2PUS

SPFC
SRRC
SRRBC
DGS
PSPS
RRC
(PSBC)
T1PFC
DSKPFC2
T1PUS
M1PUS
M1PFC
DSKPFC1
M2PFC
M2PUS

(e)电磁离合器/电磁开关

图 1-28 主机外观及主要功能元件

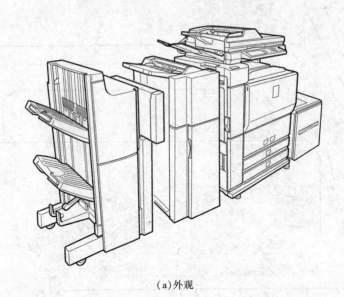

(a)外观

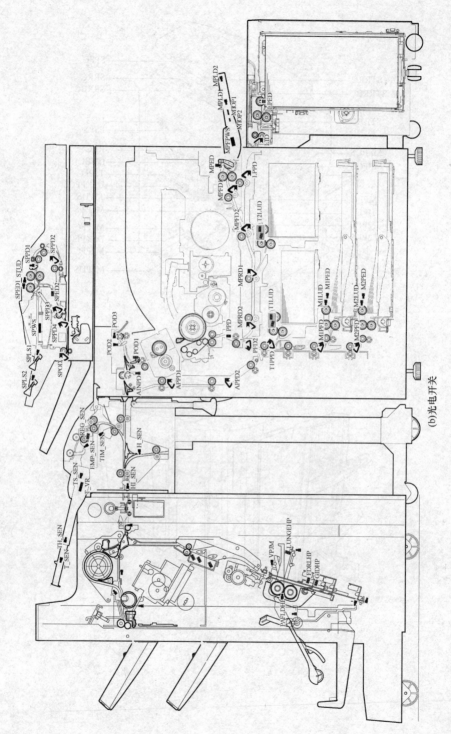

(b)光电开关

34

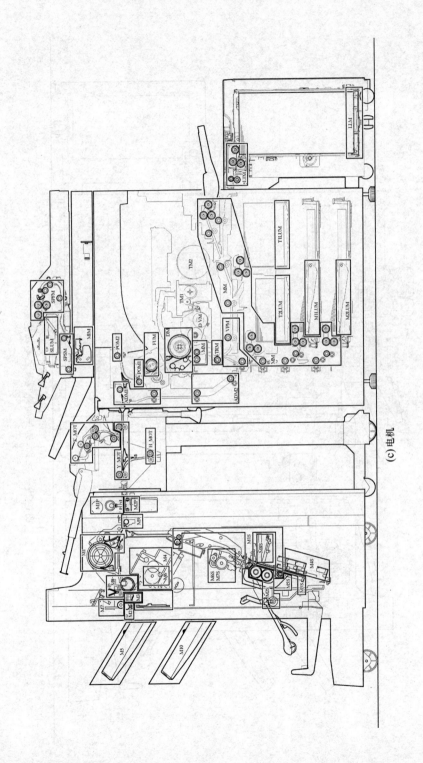

（c）电机

35

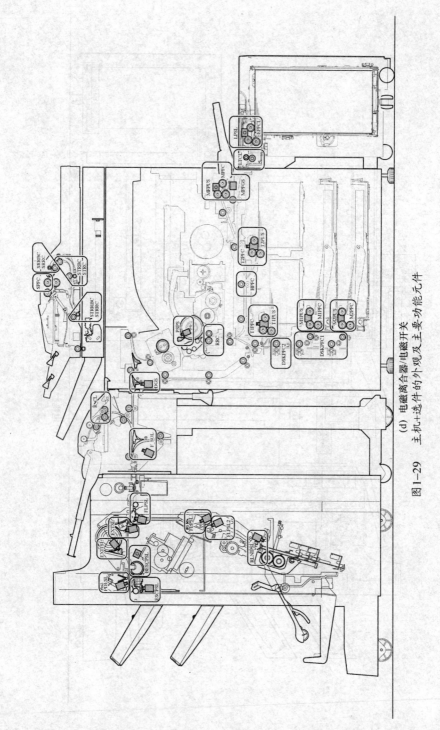

(d) 电磁离合器/电磁开关

图1-29 主机+选件的外观及主要功能元件

36

第 2 章　佳能（iR2270、iR2870、iR3570、iR4570、iR2230、iR2830、iR3530）数码复印机

2.1　纸　路　结　构

2.1.1　主机与纸路的常用选件

图 2 - 1 是佳能 iR2270、iR2870、iR3570、iR4570、iR2230、iR2830 和 iR3530 等数码复印机的主机与纸路的常用选件。其它纸路选件如装订器、分页器、复印托盘等见 2.1.3 节。

图 2 - 1(a) 中,1 为 DADF,2 为原稿压板,3 为原稿架,4 为侧纸仓(仅 iR2270、iR2870、iR3570 和 iR4570),5 为双纸盒工作台,6 为附加电源(侧纸仓电源),7 为 DADF 手柄;图 2 - 1(b) 中,1 为读取玻璃固定器,2 为 DADF,3 为读取部前盖,4 为操作板,5 为右支撑板,6 为支撑板,7 为输送盘右盖,8 为输送盘,9 为内右盖,10 为前盖,11 为纸盒 1,12 为纸盒 2,13 为左下盖,14 为左盖,15 为内基盖,16 为左后盖,17 为输送盘后下盖,18 为输送盘后盖;图 2 - 1(c) 中,1 为读取部右盖,2 为原稿玻璃,3 为读取部后盖,4 为面盖(仅 iR3570 和 iR4570),5 为后盖,6 为右后盖,7 为手送纸盘,8 为右前下盖,9 为右门,10 为输送盖,11 为右上盖;图 2 - 1(d) 中,1 为 CIS,2 为 ADF 读取玻璃,3 为原稿玻璃,4 为色粉瓶,5 为光导鼓组件,6 为光导鼓清洁器,7 为输送辊,8 为定影输出辊,9 为定影膜,10 为压力辊,11 为双面输送辊 1,12 为光导鼓,13 为双面输送辊 2,14 为转印辊,15 为对位辊,16 为手送纸搓纸轮,17 为纸盒 1 搓纸轮,18 为垂直纸路辊 1,19 为纸盒 1 输送轮,20 为纸盒 1 分离轮,21 为垂直纸路辊 2,22 为纸盒 2 输送轮,23 为纸盒 2 分离轮,24 为纸盒 2 搓纸轮,25 为主充电辊,26 为显影器,27 为激光扫描器,28 为防尘片,29 为粉仓接头。

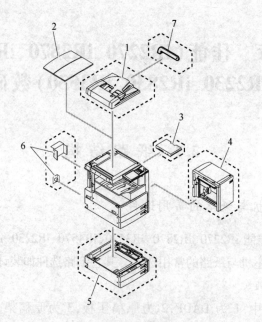

(a) 主机与常用选件

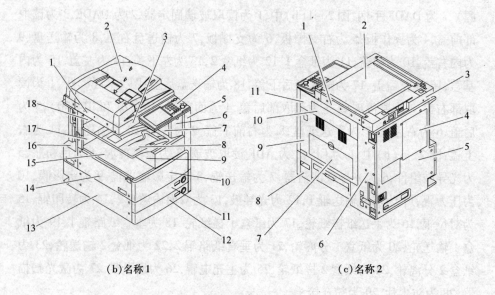

(b) 名称1

(c) 名称2

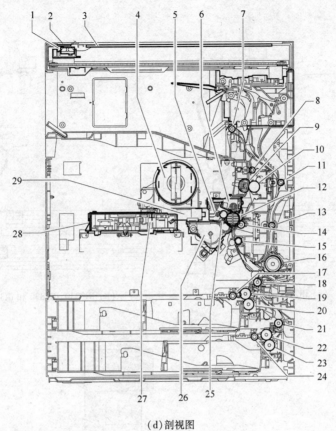

(d)剖视图

图2-1　主机与纸路的常用选件

2.1.2　主机的纸路系统

1. 主机纸路及功能区

图2-2是主机纸路及功能区。

图2-2(a)中,1为从纸盒1搓纸,2为从纸盒2搓纸,3为从双纸盒工作台搓纸,4为从侧纸仓搓纸,5为从手送纸台搓纸,6为从复印托盘输出;图2-2(b)中,1为从纸盒1搓纸,2为从纸盒2搓纸,3为从双纸盒工作台搓纸,4为从手送纸台搓纸,5为从复印托盘输出;图2-2(c)中,1为纸盒2搓纸组件,2为纸盒1搓纸组件,3为手送纸搓纸组件,4为对位辊组件,5为转印组件,6为双面/输送组件,7为定影组件,8为第1输出组件(iR3570和iR4570功能区如图2-4所示)。

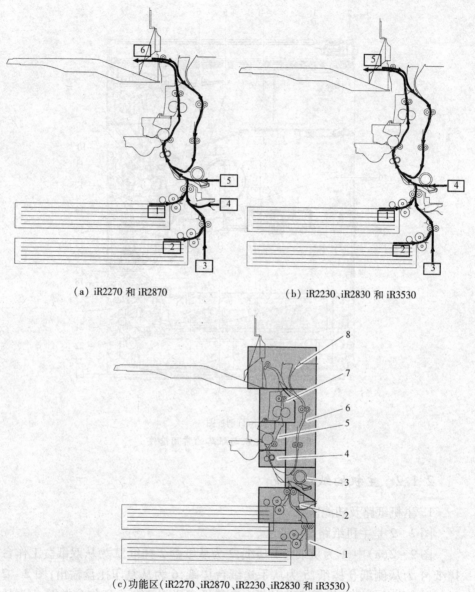

（a）iR2270 和 iR2870　　　　　　　　（b）iR2230、iR2830 和 iR3530

（c）功能区（iR2270、iR2870、iR2230、iR2830 和 iR3530）

图 2-2　主机纸路及功能区

2. 主机纸路的机电元件

图 2-3 是主机纸路的主要机电元件。

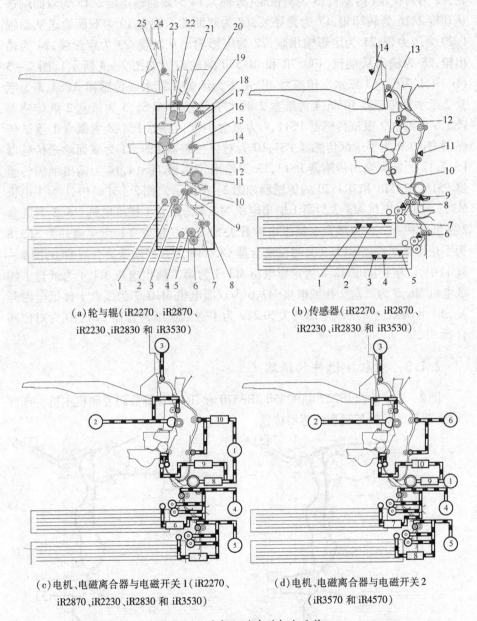

（a）轮与辊（iR2270、iR2870、
iR2230、iR2830 和 iR3530）

（b）传感器（iR2270、iR2870、
iR2230、iR2830 和 iR3530）

（c）电机、电磁离合器与电磁开关1（iR2270、
iR2870、iR2230、iR2830 和 iR3530）

（d）电机、电磁离合器与电磁开关2
（iR3570 和 iR4570）

图 2-3　主机纸路中的机电元件

图 2-3（a）中,1 为纸盒 1 搓纸轮,2 为纸盒 1 输送轮,3 为纸盒 1 分离轮,4 为纸盒 2 搓纸轮,5 为纸盒 2 输送轮,6 为纸盒 2 分离轮,7 为垂直纸路辊 2,8 为垂直纸路从动辊 2,9 为垂直纸路辊 1,10 为垂直纸路从动辊 1,11 为手送纸搓纸

41

轮,12 为对位辊(内侧),13 为对位辊(外侧),14 为双面输送辊2,15 为双面输送从动辊2,16 为转印辊,17 为光导鼓,18 为双面输送辊1,19 为双面输送从动辊1,20 为压力辊,21 为定影输出辊,22 为定影输出从动辊,23 为定影膜,24 为输出辊,25 为输出从动辊(iR3570 和 iR4570 的轮与辊如图 2 - 4 所示);图 2 - 3(b)中,1 为纸盒1 纸水平传感器 BPS4,2 为纸盒1 纸水平传感器 APS3,3 为纸盒2 纸水平传感器 BPS6,4 为纸盒2 纸水平传感器 APS5,5 为纸盒2 纸传感器 PS2,6 为纸盒2 重试传感器 PS11,7 为纸盒1 纸传感器 PS1,8 为纸盒1 重试传感器 PS10,9 为手送纸传感器 PS7,10 为对位传感器 PS9,11 为双面输送传感器 PS17,12 为定影输出传感器 PS13,13 为输出传感器 1PS14,14 为输出纸满传感器 PS15(iR3570 和 iR4570 的传感器如图 2 - 4 所示);图 2 - 3(c)中,1 为主电机 M2,2 为定影电机 M3,3 为第 1 输出电机 M4,4 为纸盒1 搓纸电机 M6,5 为纸盒2 搓纸电机 M7,6 为纸盒1 搓纸电磁开关 SL1,7 为纸盒2 搓纸电磁开关 SL2,8 为手送搓纸离合器 CL1,9 为对位离合器 CL2,10 为双面输送离合器 CL6;图 2 - 3(d)中,1 为主电机 M2,2 为定影电机 M3,3 为第 1 输出电机 M4,4 为纸盒1 搓纸电机 M6,5 为纸盒2 搓纸电机 M7,6 为双面电机 M10,7 为纸盒1 搓纸电磁开关 SL1,8 为纸盒2 搓纸电磁开关 SL2,9 为手送纸搓纸离合器 CL1,10 为对位离合器 CL2。

2.1.3 主机 + 选件的纸路

图 2 - 4 是佳能 iR2270、iR2870、iR3570 和 iR4570 等数码复印机主机 + 选件纸路、功能区及轮与辊和传感器位置。

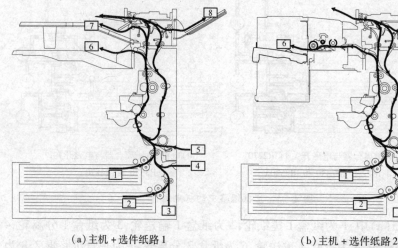

(a)主机 + 选件纸路1　　　　　　　(b)主机 + 选件纸路2

42

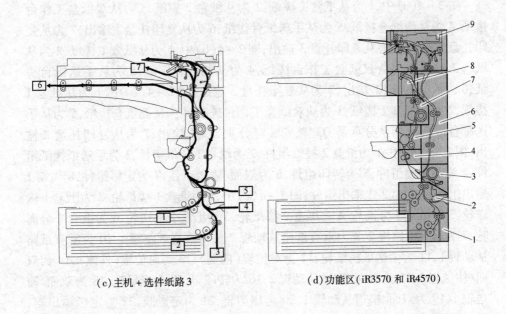

（c）主机＋选件纸路3 　　　　　（d）功能区（iR3570 和 iR4570）

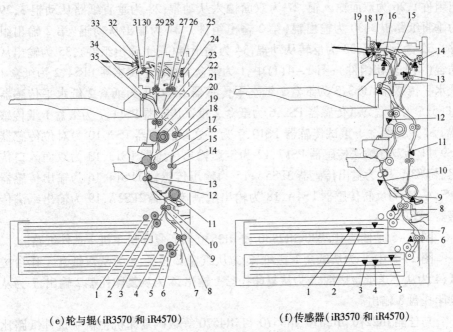

（e）轮与辊（iR3570 和 iR4570） 　　　　（f）传感器（iR3570 和 iR4570）

图2-4　主机＋选件纸路、功能区及辊/轮和传感器位置

图 2 – 4(a)中,1 为从纸盒 1 搓纸,2 为从纸盒 2 搓纸,3 为从双纸盒工作台搓纸,4 为从侧纸仓搓纸,5 为从手送纸台搓纸,6 为从复印托盘 1 输出,7 为从复印托盘 2 输出,8 为从复印托盘 3 输出;图 2 – 4(b)中,1 为从纸盒 1 搓纸,2 为从纸盒 2 搓纸,3 为从双纸盒工作台搓纸,4 为从侧纸仓搓纸,5 为从手送纸台搓纸,6 为从分页器 S1 输出,7 为从复印托盘 3 输出;图 2 – 4(c)中,1 为从纸盒 1 搓纸,2 为从纸盒 2 搓纸,3 为从双纸盒工作台搓纸,4 为从侧纸仓搓纸,5 为从手送纸台搓纸,6 为从分页器 Q3/鞍式装订分页器 Q4 输出;7 为从复印托盘 2 输出;图 2 – 4(d)中,1 为纸盒 2 搓纸组件,2 为纸盒 1 搓纸组件,3 为手送纸搓纸组件,4 为对位辊组件,5 为转印组件,6 为双面/输送组件,7 为定影组件,8 为第 1 输出组件,9 为第 2/3 输出组件;图 2 – 4(e)中,1 为纸盒 1 搓纸轮,2 为纸盒 1 输送轮,3 为纸盒 1 分离轮,4 为纸盒 2 搓纸轮,5 为纸盒 2 输送轮,6 为纸盒 2 分离轮,7 为垂直纸路辊 2,8 为垂直纸路从动辊 2,9 为垂直纸路辊 1,10 为垂直纸路从动辊 1,11 为手送纸搓纸轮,12 为对位辊(内侧),13 为对位辊(外侧),14 为双面/输送辊 2,15 为双面/输送从动辊 2,16 为转印辊,17 为光导鼓,18 为双面/输送辊 1,19 为双面/输送从动辊 1,20 为压力辊,21 为定影膜,22 为定影输出辊,23 为定影输出从动辊,24 为输出辊(第 3 输出组件),25 为输出从动辊(第 3 输出组件),26 为双面输入辊,27 为双面输入从动辊;28 为垂直纸路从动辊 3,29 为垂直纸路辊 3,30 为输出辊(第 2 输出组件),31 为输出从动辊(第 2 输出组件),32 为反转辊,33 为反转从动辊,34 为输出辊(第 1 输出组件),35 为输出从动辊(第 1 输出组件);图 2 – 4(f)中,1 为纸盒 1 纸水平传感器 BPS4,2 为纸盒 1 纸水平传感器 APS3,3 为纸盒 2 纸水平传感器 BPS6,4 为纸盒 2 纸水平传感器 APS5,5 为纸盒 2 纸传感器 PS2,6 为纸盒 2 重试传感器 PS11,7 为纸盒 1 纸传感器 PS1,8 为纸盒 1 重试传感器 PS10,9 为手送纸传感器 PS7,10 为对位传感器 PS9,11 为双面输送传感器 PS17,12 为定影输出传感器 PS13,13 为双面入口传感器 PS3A,14 为输出传感器 3PS5A;15 为输出传感器 1PS14,16 为输出传感器 2PS1A,17 为反转传感器 PS4A,18 为输出纸满传感器 2PS2A,19 为输出纸满传感器 1PS15。

图 2 – 5 是佳能 iR2230、iR2830 和 iR3530 数码复印机主机 + 选件纸路。

图 2 – 5 中,1 为从纸盒 1 搓纸,2 为从纸盒 2 搓纸,3 为从双纸盒工作台搓纸,4 为从手送纸台搓纸,5 为从复印托盘 1 输出,6 为从复印托盘 2 输出,7 为从复印托盘 3 输出。

与佳能 iR2270、iR2870、iR3570 和 iR4570 等数码复印机主机 + 选件纸路比较,佳能 iR2230、iR2830 和 iR3530 数码复印机主机 + 选件纸路取消了侧纸仓和鞍式分页器。

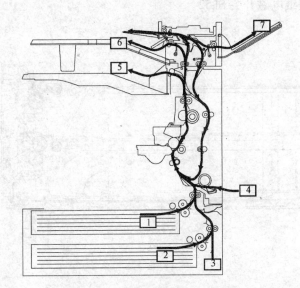

图 2 - 5　佳能 iR2230、iR2830 和 iR3530 主机 + 选件纸路

2.1.4　主要选件的机电元件

可将数码复印机的纸路选件分为输入选件和输出选件。输入选件向主机输入复印纸,输出选件接收和加工复印件(如装订和打孔)。从此意义上讲,机器安装三路输出单元(图 2 - 4(a))后可将其视为纸路的一部分。一般地说,选件功能单一且多为外联外置,拆装和更换相对容易。断开选件也不会影响主机的复印或打印。但从方便现场维修考虑,本书给出主要选件机电元件的配置。

1. 复印纸输入选件

1) 双纸盒工作台

机器安装双纸盒工作台后,2 个纸盒顺序成为第 3 纸盒和第 4 纸盒。图 2 - 6 是双纸盒工作台的机电元件。

图 2 - 6(a)中,1 为纸盒 4 搓纸轮,2 为纸盒 3 搓纸轮,3 为垂直纸路辊 3,4 为纸盒 3 输送轮,5 为纸盒 3 分离轮,6 为垂直纸路辊 4,7 为纸盒 4 输送轮,8 为纸盒 4 分离轮;图 2 - 6(b)中,1 为纸盒 3 搓纸电机 M51,2 为纸盒 4 搓纸电机 M52,3 为纸盒 3 纸水平传感器 A PS51,4 为纸盒 3 纸水平传感器 BPS52,5 为纸盒 3 重试传感器 PS53,6 为纸盒 3 纸传感器 PS54,7 为纸盒 4 纸水平传感器 APS55,8 为纸盒 4 纸水平传感器 BPS56,9 为纸盒 4 重试传感器 PS57,10 为纸盒

4 纸传感器 PS58,11 为右盖开关传感器 PS59,12 为纸盒 3 搓纸电磁开关 SL51，13 为纸盒 4 搓纸电磁开关 SL52。

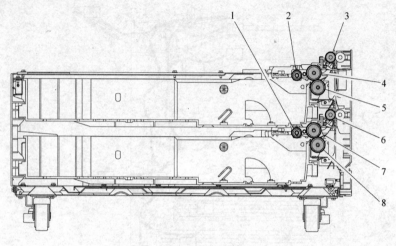

（a）轮与辊

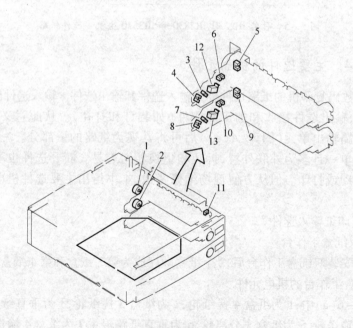

（b）电气元件

图 2-6　双纸盒工作台的机电元件

2）侧纸仓

图 2-7 是侧纸仓的机电元件。

46

图2-7(a)中,1为搓纸轮,2为输送轮,3为分离轮,4为钢丝绳,5为升降纸台,6为复印纸;图2-7(b)中,1为输送离合器CL1D,2为搓纸离合器CL2D,3为搓纸电磁开关SL1D,4为开仓电磁开关SL2D,5为主电机M1D,6为纸台升降电机M2D,7为输送传感器PS1D,8为出纸传感器PS2D,9为提升上限传感器PS3D,10为提升位置传感器PS4D,11为纸仓传感器PS5D,12为搓纸传感器PS6D,13为纸水平传感器PS7D,14为加纸位置传感器PS8D,15为开仓传感器PS9D。

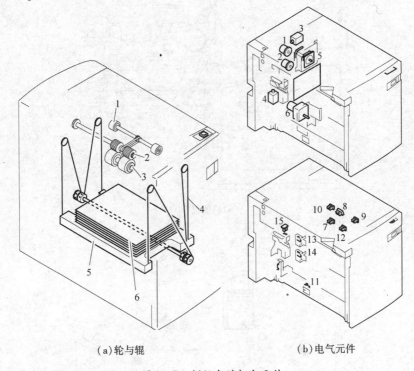

(a)轮与辊   (b)电气元件

图2-7 侧纸仓的机电元件

2. 复印件输出选件

1) 分页器S1

图2-8是分页器S1(装订分页器)的机电元件。

图2-8(a)中,1为纸传感器,2为装订器,3为输送辊,4为偏移辊,5为纸盘;图2-8(b)中,1为堆叠纸边缘初始位置传感器PI1,2为纸换向传感器PI2,3为纸面传感器PI3,4为入口传感器PI5,5为摆动初始位置传感器PI6,6为纸盘时钟传感器PI7,7为纸盘纸传感器PI8,8为纸盘传感器PI9,9为纸盘下限传感器PI10;图2-8(c)中,1为纸盘移动电机M1,2为输送电机M2,3为堆叠电机

M3，4 为偏移电机 M4，5 为装订电机 M5，6 为纸定位电磁开关 SL1，7 为偏移电磁开关 SL2。

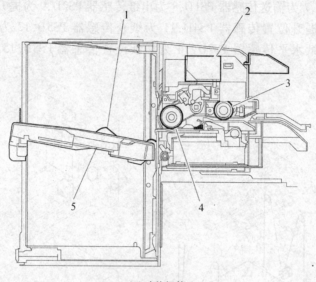

（a）功能辊等

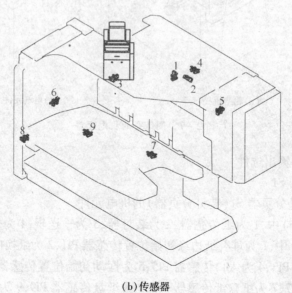

（b）传感器

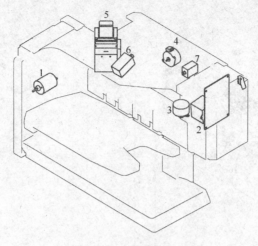

（c）电机与电磁开关

图2-8　分页器S1的机电元件

2）分页器Q3

图2-9是分页器Q3（装订分页器）的机电元件。

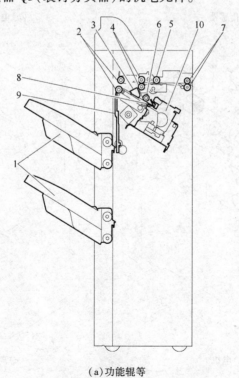

（a）功能辊等

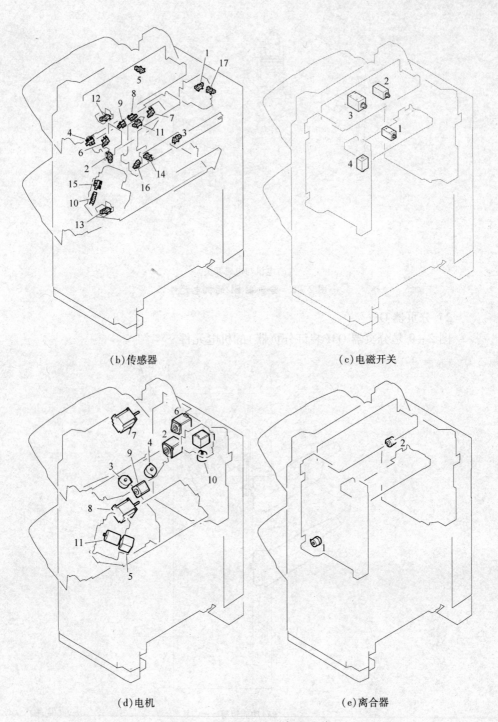

(b)传感器

(c)电磁开关

(d)电机

(e)离合器

图2-9 分页器Q3的机电元件

图 2-9(a)中,1 为接纸盘,2 为堆叠输送辊,3 为校准板,4 为第 1 输送辊,5 为缓冲辊,6 为反向辊,7 为入口辊,8 为后导向板,9 为活门,10 为装订器;图 2-9(b)中,1 为上盖传感器 PI31,2 为前盖传感器 PI32,3 为入口传感器 PI33,4 为纸路传感器 PI34,5 为摆动初始位置传感器 PI35,6 为前校准板初始位置传感器 PI36,7 为后校准板初始位置传感器 PI37,8 为纸盘纸传感器 PI38,9 为后导板初始位置传感器 PI39,10 为装订器滑动初始位置传感器 PI40,11 为纸面传感器 PI41,12 为纸盘 1 纸传感器 PI42,13 为纸盘 2 纸传感器 PI43,14 为快门初始位置传感器 PI45,15 为装订器校准传感器 PI46,16 为纸盘 2 纸面传感器 PI48,17 为变速齿轮初始位置传感器 PI49;图 2-9(c)中,1 为入口辊分离电磁开关 SL31,2 为缓冲辊分离电磁开关 SL32,3 为第 1 输送辊分离电磁开关 SL33,4 为缓冲后尾部电磁开关 SL34;图 2-9(d)中,1 为入口电机 M31,2 为堆叠电机 M32,3 为前校准板电机 M33,4 为后校准板电机 M34,5 为装订器移动电机 M35,6 为摆动电机 M36,7 为纸盘 1 移动电机 M37,8 为纸盘 2 移动电机 M38,9 为尾边电机 M39,10 为变速电机 M40,11 为装订电机 M41;图 2-9(e)中,1 为快门电磁离合器 CL31,2 为堆叠下辊电磁离合器 CL32。

3)鞍式装订分页器 Q4

图 2-10 是鞍式装订分页器 Q4 的功能辊等机械元件,图 2-11 是其电气元件。

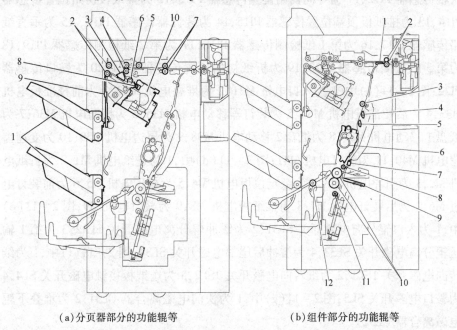

（a）分页器部分的功能辊等　　　　　　（b）组件部分的功能辊等

图 2-10　鞍式装订分页器 Q4 的机械元件

图 2 - 10(a)中,1 为接纸盘,2 为堆叠输送辊,3 为校准版,4 为第 1 输送辊,5 为缓冲辊,6 为反向辊,7 为入口辊,8 为后导向板,9 为活门,10 为装订器;图 2 - 10(b)中,1 为装订挡块,2 为入口辊 1,3 为入口辊 2,4 为第 1 钉,5 为第 2 钉,6 为装订器,7 为装订器座,8 为控制辊,9 为托纸板,10 为折纸辊,11 为月状辊,12 为输送辊。

图 2 - 11(a)中,1 为上盖传感器 PI31,2 为前盖传感器 PI32,3 为入口传感器 PI33,4 为纸路传感器 PI34,5 为摆动初始位置传感器 PI35,6 为前校准板初始位置传感器 PI36,7 为后校准板初始位置传感器 PI37,8 为纸盘纸传感器 PI38,9 为后导板初始位置传感器 PI39,10 为装订器滑动初始位置传感器 PI40,11 为纸面传感器 PI41,12 为纸盘 1 纸传感器 PI42,13 为纸盘 2 纸传感器 PI43,14 为快门初始位置传感器 PI45,15 为装订器校准传感器 PI46,16 为纸盘 2 纸面传感器 PI48,17 为变速齿轮初始位置传感器 PI49;图 2 - 11(b)中,1 为推纸板电机时钟传感器 PI1,2 为排纸盖传感器 PI3,3 为折纸电机时钟传感器 PI4,4 为校准板初始位置传感器 PI5,5 为纸盘纸传感器 PI6,6 为纸定位板初始位置传感器 PI7,7 为纸定位板纸传感器 PI8,8 为入口盖传感器 PI9,9 为排纸传感器 PI11,10 为月状辊传感器 PI12,11 为导向初始位置传感器 PI13,12 为推纸板初始位置传感器 PI14,13 为排纸板顶端位置传感器 PI15,14 为装订器传感器 PI16,15 为垂直纸路传感器 PI17,16 为第 1 纸检测传感器 PI18,17 为第 2 纸检测传感器 PI19,18 为第 3 纸检测传感器 PI20,19 为折纸初始位置传感器 PI21,20 为鞍口传感器 PI22;图 2 - 11(c)中,1 为入口电机 M31,2 为堆叠电机 M32,3 为前校准板电机 M33,4 为后校准板电机 M34,5 为装订器移动电机 M35,6 为摆动电机 M36,7 为纸盘 1 移动电机 M37,8 为纸盘 2 移动电机 M38,9 为尾边电机 M39,10 为变速齿轮电机 M40,11 为装订电机 M41;图 2 - 11(d)中,1 为进纸电机 M1,2 为折纸电机 M2,3 为引导电机 M3,4 为纸定位板电机 M4,5 为校正电机 M5,6 为前装订电机 M6,7 为后装订电机 M7,8 为推纸板电机 M8,9 为鞍口电机 M9;图 2 - 11(e)中,1 为入口辊分离电磁开关 SL31,2 为缓冲辊分离电磁开关 SL32,3 为第 1 输送辊分离电磁开关 SL33,4 为缓冲后尾部电磁开关 SL34;图 2 - 11(f)中,1 为纸转向电磁开关 1SL1,2 为纸转向电磁开关 2SL2,3 为送纸板接触电磁开关 SL4,4 为鞍口电磁开关 SL5;图 2 - 11(g)中,1 为快门电磁离合器 CL31,2 为堆叠下辊电磁离合器 CL32。

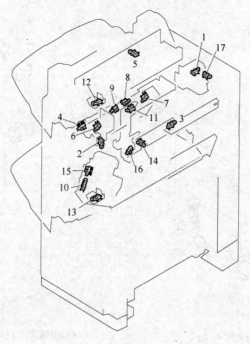

(a)传感器1(同图2-9(b))

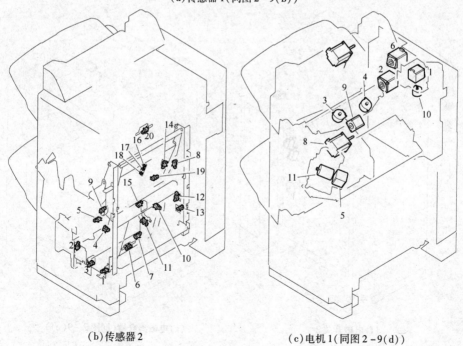

(b)传感器2

(c)电机1(同图2-9(d))

53

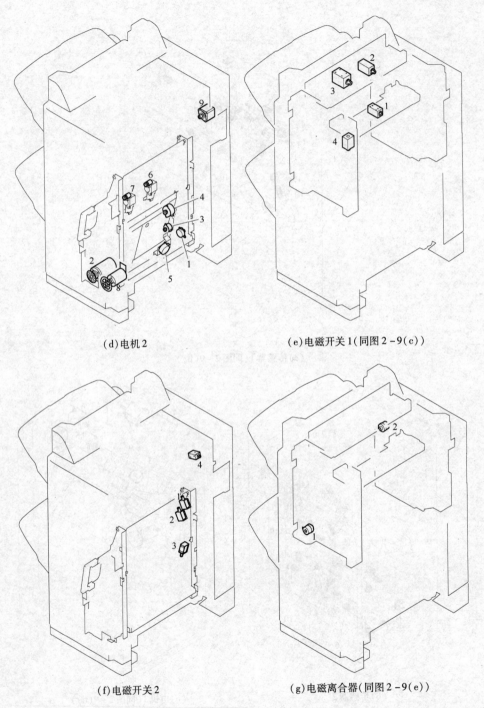

(d)电机2　　　　　　　　　　　(e)电磁开关1(同图2-9(c))

(f)电磁开关2　　　　　　　　　(g)电磁离合器(同图2-9(e))

图2-11　鞍式装订分页器Q4的电气元件

4）打孔器

图2-12是打孔器的机电元件。

图2-12(a)中,1为凸轮,2为打孔机,3为输送辊,4为纸屑仓;图2-12(b)中,1为水平对位初始位置传感器PI61,2为打孔电机时钟传感器PI62,3为打孔初始位置传感器PI63;图2-12(c)中,1为打孔电机M61,2为水平对位电机M62,3为输送电机M63。

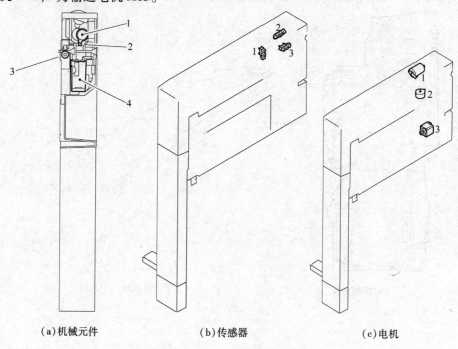

（a）机械元件   （b）传感器   （c）电机

图2-12　打孔器的机电元件

5）内置打孔器

图2-13是内置打孔器的机电元件。

图2-13(a)中,1为凸轮,2为打孔机,3为纸屑仓;图2-13(b)中,1为打孔时钟传感器SR1,2为打孔初始位置传感器SR2;图2-13(c)中,1为打孔电机M1,2为滑动电磁开关SL1。

6）进稿器

双面自动进稿器对于佳能iR2230、iR2830和iR3530数码复印机(iR2270、iR2870和iR3570数码复印机的低配机型)是选件,图2-14是其机电元件。

图2-14(a)中,1为下对位辊,2为上对位辊,3为分离轮,4为分离垫,5为分离板,6为搓稿轮、7为原稿盘,8为反转上辊,9为反转下辊,10为读取从动辊

55

2,11 为读取辊 2,12 为压稿辊,13 为压稿从动辊,14 为读取辊 1,15 为读取从动辊 1,16 为标准白板;图 2-14(b)中,1 为对位传感器 PI2,2 为读取传感器 PI3,3 为反转传感器 PI4,4 为 A4R/LTRR 识别传感器 PI5,5 为稿盘传感器 1PI6,6 为稿盘传感器 2PI7,7 为原稿尾端传感器 PI8,8 为原稿放置传感器 PI9,9 为盖开关传感器 PI10;图 2-14(c)中,1 为进稿电机 M1,2 为搓稿电机 M2,3 为歪斜校准电磁开关 SL1,4 为印记电磁开关 SL2,5 为搓稿离合器 CL1,6 为原稿宽度识别器 VR1。

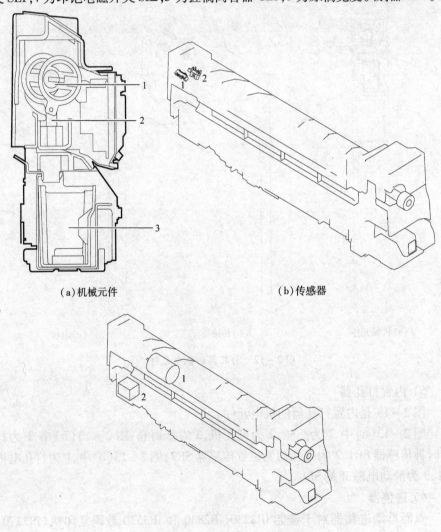

(a)机械元件　　　　　　　　　　(b)传感器

(c)电机和电磁开关

图 2-13　内置打孔器的机电元件

56

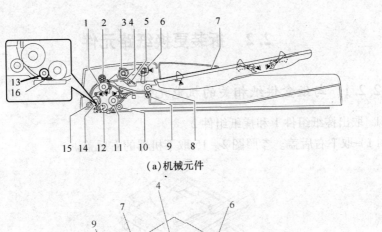

(a)机械元件

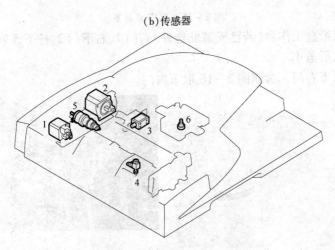

(b)传感器

(c)电机、电磁开关和电磁离合器等

图2-14　进稿器的机电元件

2.2 拆装更换纸路元件

2.2.1 与纸盒供纸相关的机电元件

1. 取出搓纸组件 1 和搓纸组件 2

（1）取下右后盖。参照图 2－15 取下机器的右后盖。

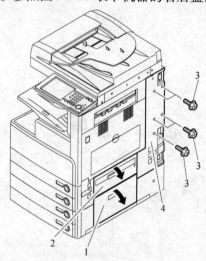

图 2－15　取下右后盖

打开双纸盒工作台（若已安装此选件）右门 1、右下门 2，拧下 5 颗螺钉 3，取下机器的右后盖 4。

（2）取下右门。参照图 2－16 取下右门。

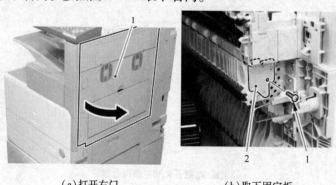

（a）打开右门　　　　　　（b）取下固定板

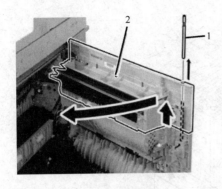
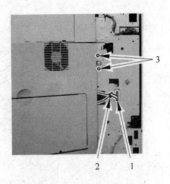

(c)松开扩展盘　　　　　　　　(d)断开接头和取下线卡等

(e)取下右门

图2-16　取下右门

图2-16(a)中,1为打开右门1;图(b)中,拧下螺钉1,取下固定板2;图(c)中,取出连接轴1,松开扩展盘2;图(d)中,断开接头1、取下线卡2、拧下2颗螺钉3;图(e)中,先取下铰接件2,然后取下右门1。

(3) 取下右前下盖。参照图2-17取下机器的右前下盖。

打开双纸盒工作台(若已安装此选件)右门1、右下门2,拧下2颗螺钉3,取下右前下盖4。

(4) 取出搓纸组件1。先取出纸盒,然后参照图2-18取出搓纸组件1。

图2-18(a)中,断开3处接头1、从2处线束架2和2处线卡3中释放线束;(b)中,拧下4颗螺钉1,取出搓纸组件12。

(5) 取出搓纸组件2。先取出纸盒,参照图2-15取下机器的右后盖,参照图2-17取出机器的右前下盖,然后参照图2-19取出搓纸组件2。

断开接头1,拧下4颗螺钉2,取出搓纸组件23。

2. 取出纸盒搓纸轮、输送轮和分离轮

参照图2-20取出纸盒搓纸轮、输送轮和分离轮。

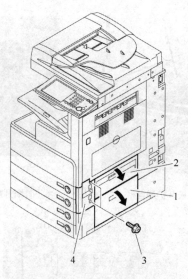

图 2 - 17 取下右前下盖

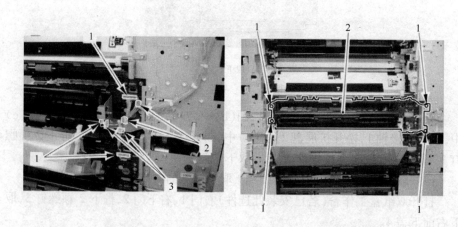

（a）释放线束　　　　　　　　　　（b）取出搓纸组件 1

图 2 - 18　取出搓纸组件 1

取出纸盒,打开机器右门,先取下各轮的轮卡,然后取出搓纸轮 1、输送轮 2 和分离轮 3。

3. 更换纸盒搓纸电机

（1）取下机器后盖。参照图 2 - 15 取下机器的右后盖,然后参照图 2 - 21 取下机器后盖。

拧下 13 颗螺钉 1 和 1 颗螺钉 2,取下机器后盖 3。

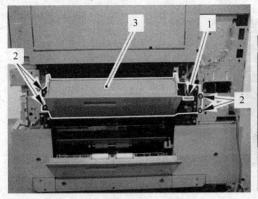

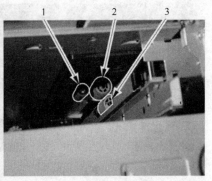

图 2-19 取出搓纸组件 2　　　　　图 2-20　更换纸盒搓纸轮、

输送轮和分离轮

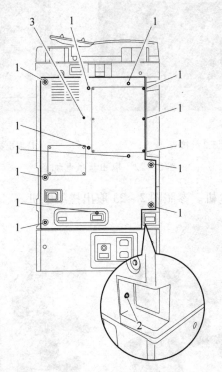

图 2-21　取下机器后盖

（2）取出搓纸电机座。参照图 2-22 取出搓纸电机座。

其中：图（a），从 2 线卡 1 中释放线束 2；图（b），拧下 5 颗螺钉 1，取出电源线缆座 2；图（c），断开 2 处接头 1；图（d）拧下 5 颗螺钉 1，取出搓纸电机座 2。

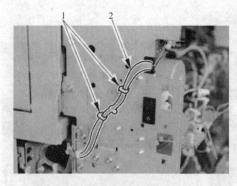

（a）释放线束   （b）取出电源线缆座

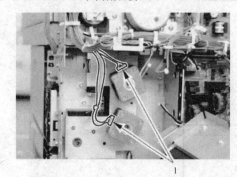

（c）断开2处接头   （d）取出搓纸电机座

图2-22　取出搓纸电机座

（3）取出搓纸电机。参照图2-23取出搓纸电机。

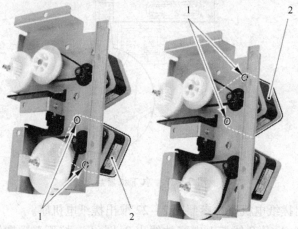

（a）取出搓纸电机1   （b）取出搓纸电机2

图2-23　取出搓纸电机

62

其中:图(a),拧下2颗螺钉1,取下纸盒搓纸电机1 2;图(b),拧下2颗螺钉1,取下纸盒搓纸电机2 2。

4. 更换纸盒尺寸传感器

先参照2.2.1节取出搓纸组件,然后参照图2-24更换纸盒尺寸传感器。

其中:图(a),按压取下电路板盖1;图(b),对于纸盒尺寸传感器1(2),释放2处线束3(4),断开接头1(2);图(c),拧下螺钉1,取下电路板2(纸盒尺寸传感器在此电路板上);图(d),取下纸盒尺寸传感器盖1;图(e),从电路板上取下纸盒尺寸传感器1。

5. 更换纸盒重试纸传感器

先参照2.2.1节取出搓纸组件,然后参照图2-25更换纸盒重试纸传感器。

其中:图(a),从搓纸组件1后侧拧下2颗螺钉1、1颗螺钉2,然后取下支架3;图(b),从搓纸组件2后侧拧下2颗螺钉1、1颗螺钉2,然后取下支架3;图(c),

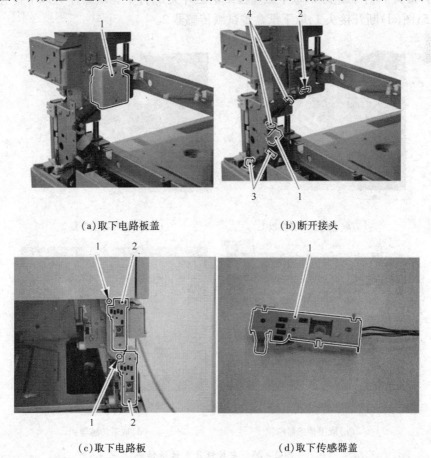

(a)取下电路板盖   (b)断开接头

(c)取下电路板   (d)取下传感器盖

63

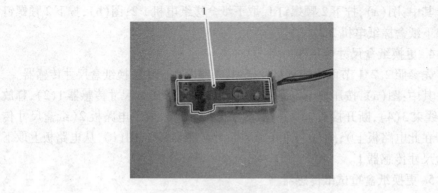

(e)取下传感器

图2-24　更换纸盒尺寸传感器

断开接头1、拧下螺钉2、取下纸盒搓纸电磁开关3;拧下5颗螺钉4、取下传感器座5;图(d)断开接头1,取下纸盒重试纸传感器2。

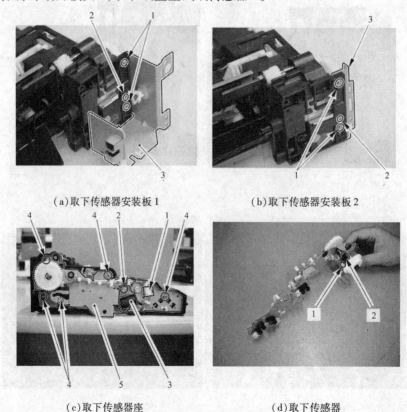

(a)取下传感器安装板1　　　　　(b)取下传感器安装板2

(c)取下传感器座　　　　　(d)取下传感器

图2-25　更换纸盒重试纸传感

6. 更换纸盒纸传感器

参照 2.2.1 节取出搓纸组件,参照图 2 – 25 取下传感器座,然后参照图 2 – 26 取下纸盒纸传感器。

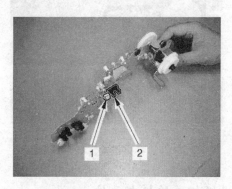

图 2 – 26　取下纸盒纸传感器

断开接头 1,取下纸盒纸传感器 2。

7. 更换纸盒纸水平传感器

参照 2.2.1 节取出搓纸组件,参照图 2 – 25 取下传感器座,然后参照图 2 – 27 取下纸盒纸水平传感器。

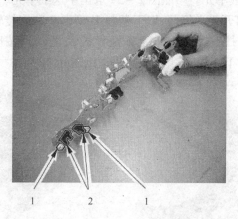

图 2 – 27　取下纸盒纸水平传感器

断开接头 1,取下纸盒纸水平传感器 2(A 和 B,2 个传感器)。

8. 取出纸盒搓纸电磁开关

参照 2.2.1 节取出搓纸组件,然后参照图 2 – 28 取出纸盒搓纸电磁开关。

断开接头 1,拧下螺钉 2,取出纸盒搓纸电磁开关 3。

65

图 2 – 28　取出纸盒搓纸电磁开关

2.2.2　与手送纸相关的机电元件

1. 取下滑动电阻

滑动电阻用作手送纸复印的纸宽传感器。先参照图 2 – 15 取下机器右后盖,参照图 2 – 16 取下机器右门,然后取出手送纸单元、从手送纸单元上取下滑动电阻。

(1) 取出手送纸单元。参照图 2 – 29 取出手送纸单元。

其中:图(a),打开手送纸门,取下塑料 E 型卡 2 和连接轴 3,断开手送导板的连接器 1;图(b),拧下螺钉 2,取下输送导板 1;图(c),按压取下接头盖 1;图(d),断开接头 1,拧下 4 颗螺钉 2,取出手送纸单元 3。

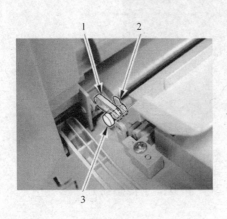

(a)断开连接　　　　　　　　　　　　(b)取下输送板

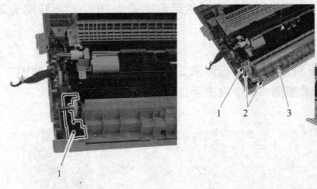

(c)取下接头盖   (d)取出手送纸单元

图2-29 取出手送纸单元

(2)取下手送纸盘。参照图2-30从手送纸单元取下手送纸盘。

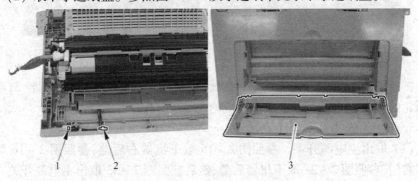

图2-30 取下手送纸盘

断开接头1,松开线卡2,取下手送纸盘3。

(3)取下滑动电阻。参照图2-31从手送纸盘取下滑动电阻。

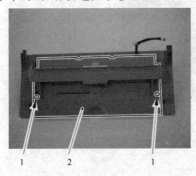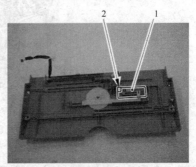

(a)取下手送纸盘上盖   (b)取下滑动电阻

图2-31 取下滑动电阻

其中:图(a),拧下2颗螺钉1,取下手送纸盘上盖2;图(b),断开接头2,取下滑动电阻1。

2. 取出手送搓纸轮

参照图2-15取下机器右后盖,参照图2-16取下机器右门,参照图2-29取出手送纸单元,然后参照图2-32取出手送搓纸轮。

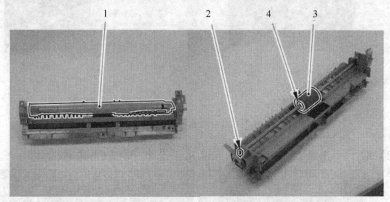

图2-32　取出手送搓纸轮

按压取出手动输送上盖1,取下轴套2、连同轴一起取下手送搓纸轮3;取下搓纸轮的E型卡4后从轴上取下搓纸轮3(注意,莫弄丢平行销)。

3. 取出手送搓纸离合器

(1) 取出主电源开关。参照图2-15取下机器右后盖,参照图2-16取下机器右门,参照图2-21取下机器后盖,然后参照图2-33取出主电源开关。

图2-33　取出主电源开关

拔下4个接头1,按压取出主电源开关2。

(2) 取出手送搓纸离合器。参照图2-34取出手送搓纸离合器。

68

(a)断开连接件   (b)取出离合器

图 2-34　取出手送搓纸离合器

其中:图(a),断开接头 1,从线卡 3 中释放离合器线缆 2;拧下 2 颗螺钉 5,取下固定板 4;图(b),取出手送搓纸离合器 1。

4. 取出手送纸分离垫

参照图 2-15 取下机器右后盖,参照图 2-16 取下机器右门,参照图 2-29取下手送纸单元,参照图 2-32 取出手送搓纸轮,然后参照图 2-35 取出手送纸分离垫。

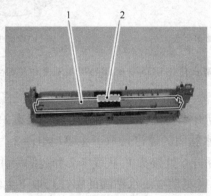

图 2-35　取出手送纸分离垫

先取下支撑板 1,然后取下分离垫 2。

2.2.3　与输送相关的机电元件

1. 取出主驱动组件

先参照图 2-21 取下机器后盖,佳能 iR3570 和 iR4570 数码复印机参照

图 2 - 36 取出主驱动组件;佳能 iR2270 和 iR2870,iR2230、iR2830 和 iR3530 等数码复印机参照图 2 - 37 取出主驱动组件。

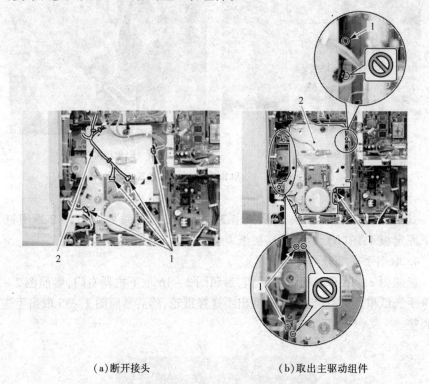

（a)断开接头 　　　　　　　　　　　　（b)取出主驱动组件

图 2 - 36　取出佳能 iR3570 和 iR4570 数码复印机的主驱动组件

图 2 - 36(a)中,断开 4 处接头 1,从线卡中释放线束 2;图 2 - 36(b)中,拧下 4 颗螺钉 1(莫动被胶水粘固的螺钉),取下主驱动组件 2。

图 2 - 37(a)中,断开 6 处接头 1,从线卡 2 释放线束并取下线卡 3;图 2 - 37(b)中,拧下 4 颗螺钉 1(莫动被胶水粘固的螺钉),取下主驱动组件 2。

2. 取出对位离合器

参照图 2 - 38 取出对位离合器。

断开接头 1,从线卡 2 和 3 个线卡 3 释放线束,取下 E 型卡 4 后取出对位离合器 5。

3. 取出垂直纸路辊

参照 2.2.1 节取出搓纸组件,参照图 2 - 25 取下传感器安装板和传感器座,然后参照图 2 - 39 取出垂直纸路辊。

(a)断开接头　　　　　　　　　(b)取出主驱动组件

图2-37　取出佳能 iR2270 和 iR2870,iR2230、iR2830 和
iR3530 等数码复印机的主驱动组件

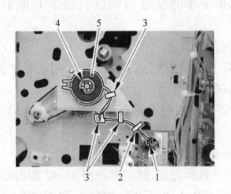

图2-38　取出对位离合器

其中:图(a),释放后齿轮 1 的爪 A,然后取下后齿轮 1 和轴套 2;图(b),释
放前轴套 1 的爪 A,抬起、向后移动取出垂直纸路辊 2。

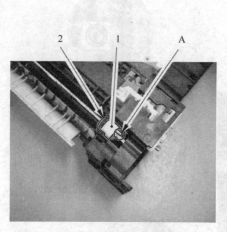
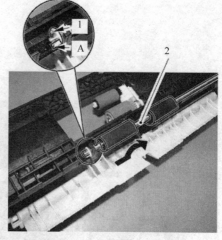

(a)取出后端齿轮及轴套   (b)取出垂直纸路辊

图 2 - 39　取出垂直纸路辊

4. 取出双面输送辊 2

参照图 2 - 15 取下机器右后盖,参照图 2 - 16 取下机器右门,然后参照图 2 - 40 取出双面输送辊 2。

其中:图(a),释放弹簧 1,取下 E 型卡 2,抽出轴 3,取出双面输送框架 4;图(b),取下 E 型卡 1,取下单向齿轮 2;图(c),取下 E 型卡 1,取出双面输送辊 2 2。

5. 取出双面输送传感器

参照图 2 - 15 取下机器右后盖,参照图 2 - 16 取下机器右门,然后参照图 2 - 41 取出双面输送传感器。

其中:图(a),拧下 2 颗螺钉 1,取下转印框架 2;图(b),断开接头 1,取出双面输送传感器 2。

6. 取出双面输送离合器

参照图 2 - 21 取下机器后盖,然后参照图 2 - 42 取出双面输送离合器。

其中:图(a),断开接头 1,拧下 2 颗螺钉 2,取下离合器固定板 3;图(b),取出双面输送离合器 1。

7. 取出输出组件 1

(1)取出前盖单元。参照图 2 - 15 取下机器右后盖,然后参照图 2 - 43 取出前盖单元。

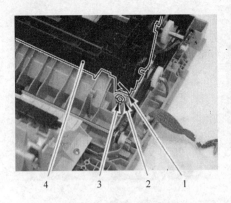

（a）取出双面输送框架

（b）取下单项齿轮

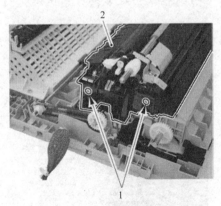

（c）取出双面输送辊2

图2-40 取出双面输送辊2

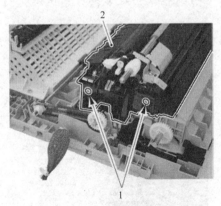

（a）取出转印框架

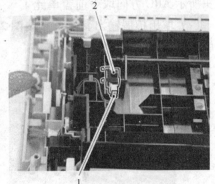

（b）取出双面输送传感器

图2-41 取出双面输送传感器

（a）取出离合器固定板　　　　　　（b）取出双面输送离合器

图 2-42　取出双面输送离合器

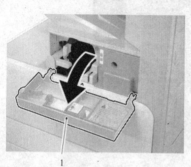

（a）打开前盖　　　　　　　　（b）取出前盖单元

图 2-43　取出前盖单元

其中：图（a），打开前盖 1；图（b），取下面板胶封 1，拧下螺钉 2 和螺钉 3，依箭头所示 ABC 方向取下前盖单元 4。

（2）取出扩展输出套件。参展图 2-16 取下机器右门，然后参照图 2-44 取出扩展输出套件。

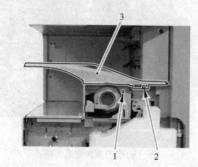
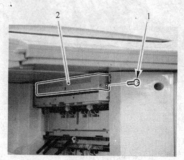

（a）取出接纸盘　　　　　　　（b）取下上内盖

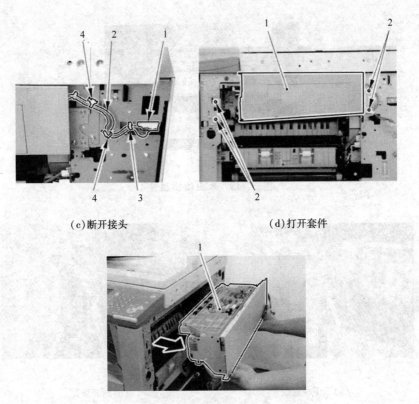

(c)断开接头   (d)打开套件

(e)取出套件

图 2-44　取出扩展输出套件

其中:图(a),拧松螺钉 1,拧下螺钉 2,取下接纸盘 3;图(b),拧下螺钉 1,取下上内盖 2;图(c),从线卡 3 中释放线束 2,取下 2 个线卡 4 后断开接头 1;图(d),打开扩展输出套件 1,拧下 4 颗螺钉 2 后关闭套件 1;图(e),取出扩展输出套件 1。

(3) 取出输出组件 1。参照图 2-45,从扩展输出套件上取出输出组件 1。拧下 3 颗螺钉 2,取出输出组件 1。

2.2.4　与定影相关的机电元件

1. 取出定影驱动组件 1

(1) 取出定影器。参照图 2-15 取出机器的右后盖,参照图 2-45 取出输出组件 1,然后参照图 2-46 取出定影器。

图 2-45　取出输出组件 1

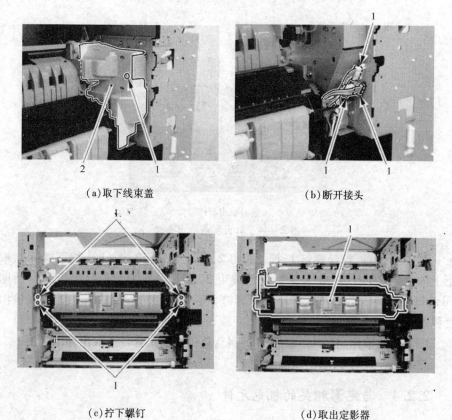

（a）取下线束盖　　　　　　　　　　（b）断开接头

（c）拧下螺钉　　　　　　　　　　（d）取出定影器

图 2-46　取出定影器

　　其中：图（a），拧下螺钉 1，取下线束盖 2；图（b），断开 3 处接头 1；图（c），拧下 4 颗螺钉 1；图（d），取出定影器 1。

（2）取出定影驱动组件。参照图2-46(a)取下线束盖。然后参照图2-47取出定影驱动组件。

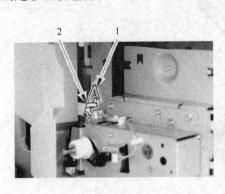

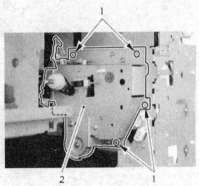

(a)释放线束   (b)取出定影驱动组件

图2-47　取出定影驱动组件

其中:图(a),断开接头1,释放线束2;图(b),拧下4颗螺钉1,取出定影驱动组件2。

2. 取出压力辊

（1）取出定影膜。参照图2-46取出定影器,然后参照图2-48取下定影膜盖。

其中:图(a),拧下2颗螺钉1,取下内部输出盖2;图(b),拧下2颗螺钉1,取下接地端2;图(c),拧下3颗螺钉1、1颗螺钉2,取下定影膜盖3。

参照图2-49取下左侧板。

其中:图(a),拧下螺钉1,取下左侧板盖2;图(b),拧下2颗螺钉1;图(c),依箭头所示滑动取下左侧板1。

参照图2-50取下锁定板。

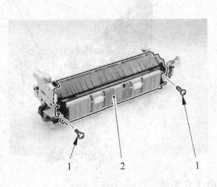

(a)取下内部输出盖   (b)拆除接地端

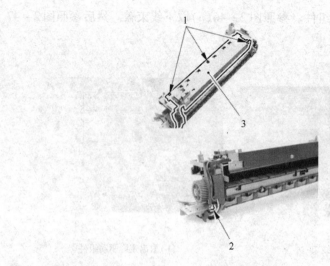

(c)取下定影膜盖

图 2-48　取下定影膜盖

(a)取下左侧板盖

(b)拧下螺钉

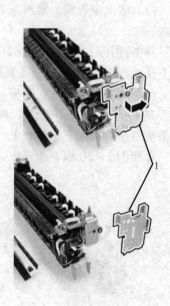

(c)取下左侧板

图 2-49　取下左侧板

(a)转动锁定齿轮   (b)拧下螺钉

(c)取下锁定板

图2-50 取下锁定板

  其中:图(a)转动锁定齿轮1(释放锁定辊);图(b),拧下2颗螺钉1;图(c),依箭头所示取下锁定板1。

  参照图2-51取出定影膜。

  其中:图(a),下压前释放杆1,抽出加热器前接头2;图(b),下压后释放杆1,抽出加热器后接头2;图(c),拧下螺钉1,释放AC线束2;图(d),从线卡2中释放AC线束1;图(e),从接头固定卡2释放延时接头1;图(f),从延时接头1上断开接头2;图(g),取出定影膜1。

  (2)取出压力辊。先取出定影膜,然后参照图2-52取出压力辊。

（a）抽出加热器前接头　　　　　　（b）抽出加热器后接头

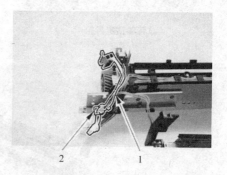

（c）释放 AC 线束（螺钉固定）　　　（d）释放 AC 线束（线卡固定）

（e）释放接头　　　　　　　　　　（f）断开接头

(g)取出定影膜

图 2-51　取出定影膜

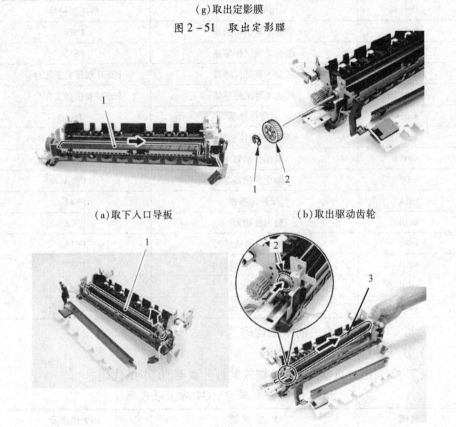

(a)取下入口导板　　　　　　　(b)取出驱动齿轮

(c)取出压力辊

图 2-52　取出压力辊

其中:图(a),依箭头所示滑动取下入口导板 1;图(b),取下 E 型卡 1 和驱动齿轮 2;图(c),抬起压力辊 1 的前端,依箭头所示方向推轴套 2,取出压力辊 3。

2.3 纸路故障

2.3.1 卡纸代码

1. 主机及与复印纸输入有关的卡纸代码

表 2-1 列出与复印纸输入有关的卡纸代码。

表 2-1　与复印纸输入有关的卡纸代码

卡纸代码	相关传感器	传感器符号
xx01	纸盒 1 重试传感器	PS10
xx02	纸盒 2 重试传感器	PS11
xx03	纸盒 3 重试传感器	PS53(双纸盒工作台)
xx04	纸盒 4 重试传感器	PS57(双纸盒工作台)
xx05	对位传感器	PS9
xx07	定影输出传感器	PS13
xx08	输出传感器 1	PS14
xx09	输出传感器 2	PS1A
xx0A	反转传感器	PS4A
xx0B	输出传感器 3	PS5A
xx0C	双面入口送传感器	PS3A
xx0D	双面输送传感器	PS17
xx0E	搓纸传感器	PS6D(侧纸仓)
xx0F	输送传感器	PS1D(侧纸仓)

2. 与复印纸输出有关的卡纸代码

1) 分页器 Q3/Q4 的卡纸代码

表 2-2 列出分页器 Q3/Q4(鞍式装订分页器)的卡纸代码。

表 2-2　分页器 Q3/Q4 的卡纸代码

代码	卡纸原因	相关传感器
1001	入口传感器输送延迟卡纸	PI33
1004	入口传感器输送静止卡纸	PI34
1101	打孔对位传感器输送静止卡纸	PI33
1104	装订器卡纸	PI34
1200	定时卡纸	PI33

代码	卡 纸 原 因	相关传感器
1300	装订器通电卡纸	PI33，PI34
1791	鞍式装订器输送延迟卡纸	PI8S，PI19S，PI20S
1792	鞍式装订器输出延迟卡纸	PI11S
1793	鞍式装订器入口延迟卡纸	PI22S
17A1	鞍式装订器输送静止卡纸	PI18S，PI19S，PI20S
17A2	鞍式装订器输出静止卡纸	PI11S，PI17S
17A3	鞍式装订器入口静止卡纸	PI22S
1787	鞍式装订器通电卡纸	PI11S，PI18S，PI19S，PI20S，PI22S

S:鞍式装订器

2）分页器 S1 的卡纸代码

表 2-3 列出分页器 S1 的卡纸代码。

表 2-3　分页器 S1 的卡纸代码

代码	卡 纸 原 因	相关传感器
1011	入口传感器输送延迟卡纸	PI5
1121	入口传感器输送静止卡纸	PI5
1F81	纸叠输出卡纸	PI1
1644	打孔卡纸	SR2（内置打孔器为分页器 S1 的选件）

3. 与 ADF 有关的卡纸代码

表 2-4 列出与 ADF 有关的卡纸代码。

表 2-4　与 ADF 有关的卡纸代码

代码	卡纸（原稿）原因	相关传感器
0003	对位传感器延迟卡纸	PI2
0004	对位传感器静止卡纸	PI2
0005	读取传感器延迟卡纸	PI2，PI3
0006	读取传感器静止卡纸	PI3
0007	输出传感器延迟卡纸	PI3，PI4
0008	输出传感器静止卡纸	PI4
0044	第 1 页纸对位传感器静止卡纸	PI2
0045	第 1 页纸读取传感器延迟卡纸	PI2，PI3

代码	卡纸（原稿）原因	相关传感器
0046	第1页纸读取传感器静止卡纸	PI3
0047	第1页纸输出传感器延迟	PI3,PI4
0048	第1页纸输出传感器静止	PI4
0092	ADF 盖打开	PI10
0094	初始静止	PI2,PI3,PI4

2.3.2 故障代码

表2-5列出与卡纸相关的部分故障代码。

表2-5 与卡纸相关的故障代码

故障代码	意 义	故障代码	意 义
E007	定影膜旋转错误	E537	前校准错误
E010	主电机旋转错误	E540	堆叠盘/上纸盘上升错误
E014	定影电机旋转错误	E542	下纸盘上升错误
E514	堆叠电机/尾边电机错误	E584	活门错误
E530	后校准错误	E590	打孔错误
E531	装订错误	E591	打孔器传感器污脏
E532	装订器移动错误	E5F0	鞍纸位置错误

2.4 检查调整代码

2.4.1 维修模式

佳能 iR2270、iR2870、iR3570 和 iR4570（以及佳能 iR2230、iR2830、iR3530）数码复印机进入维修模式的操作顺序是电源开关 ON（显示用户屏）、按用户模式（星号）键、同时按下数字键 2 和 8、再按星号键，机器进入维修模式第 1 级初始屏（按复位键返回到用户屏）；同时按下星号键和数字键 2，机器进入维修模式第 2 级初始屏（按复位键返回到第 1 级初始屏）。在初始屏选择主/中间项目屏（选定项随之显示），用前页/后页键选择子项目屏（按复位键返回到第 1 级初始屏）。屏的显示及选择如图 2-53 所示。

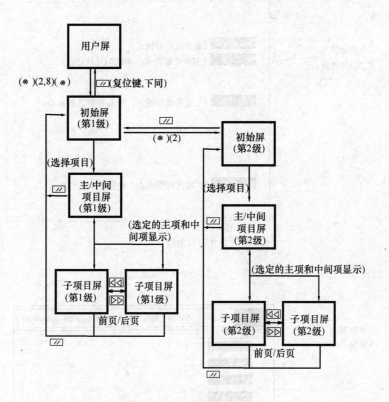

图 2 - 53 显示屏及选择方法

图 2 - 54 是维修模式的分类、初始屏和主/中间项目屏的显示说明;图 2 - 55 是子项目屏的显示说明。

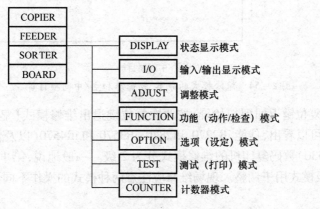

(a)维修模式的分类

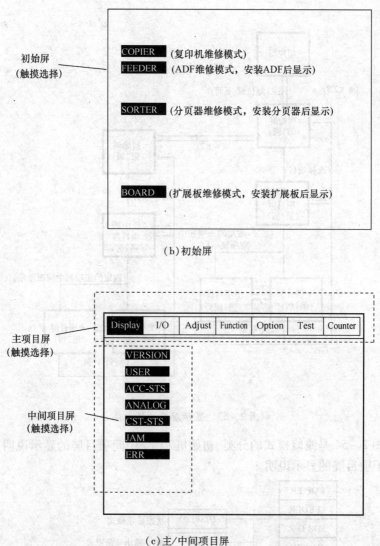

（b）初始屏

（c）主/中间项目屏

图 2-54 维修模式的分类、初始屏和主/中间项目屏

按一次复位键返回到初始屏,按两次复位键退出维修模式(显示用户屏)。从图 2-53 可以看出,佳能 iR2270、iR2870、iR3570 和 iR4570(以及佳能 iR2230、iR2830、iR3530)数码复印机的维修模式分为 2 级。一般地说,第 1 级模式用于检查,第 2 级模式用于调整。现场维修应注意两种模式的操作不同。

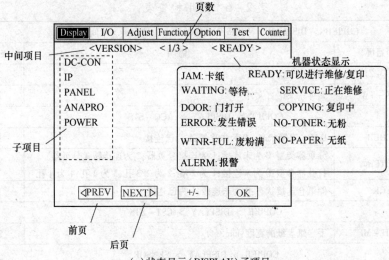

（a）状态显示（DISPLAY）子项目

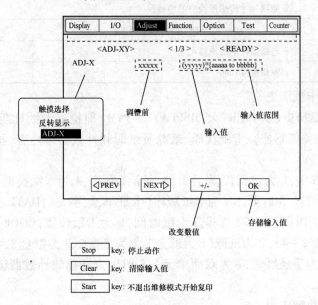

（b）调整（ADJUST）子项目

图 2－55　子项目屏

2.4.2　状态显示模式

1. 通用检查

表 2－6 列出与纸路有关的通用检查内容。

表 2 - 6　通用检查表

COPIER ＞ DISPLAY ＞ VERSION（初始屏＞主项目屏＞中间项目屏）		
子项目屏	说　明	级别
LANG - ZH	简体中文语言文件	2
LANG - TW	繁体中文语言文件	2
COPIER ＞ DISPLAY ＞ ACC - STS		
FEEDER	DADF 连接状态。0 为未连接；1 为已连接	1
SORTER	分页器类型：0 为未连接；1 为连接分页器；2 为连接鞍式分页器 打孔器类型：0 为未连接；1 为 2 孔；2 为 2/3 孔；3 为 4 孔；4 为 4 孔	1
DECK	侧纸仓连接状态：0 为未连接；1 为已连接	1
COPIER ＞ DISPLAY ＞ CST - STS		
WIDTH - MF	手送纸盘纸的宽度：mm	2
COPIER ＞ DISPLAY ＞ SENSOR		
DOC - SZ	原稿尺寸传感器检测的原稿尺寸	2
FEEDER ＞DISPLAY		
FEED SIZE	进稿器检测的原稿尺寸	1
TRY WIDE	原稿宽度：mm	1

2. 检查卡纸历史

检查卡纸历史（COPIER ＞ DISPLAY ＞JAM）即检查卡纸日期、卡纸类型、卡纸位置（相关传感器）、卡纸代码、纸源及纸源软计数器等内容，显示如图 2 - 56 所示。

图 2 - 56 中，1 为前页，2 为后页，3 为卡纸顺序，4 为卡纸类型，5 为相关传感器，6 为前页，7 为后页，No. 为卡纸顺序（卡纸早，数字大），DATE 为卡纸日期，TIME1 为卡纸时间，TIME2 为排除卡纸时间，L 为卡纸位置，CODE 为卡纸代码（表 2 - 1 ~ 表 2 - 4），P 为纸源（1 为纸盒 1,2 为纸盒 2,3 为纸盒 3,4 为纸盒 4,5 为侧纸仓，6 为手送纸盘，7 为双面单元），CNTR 为纸源软计数器读数，SIZE 为纸尺寸。

3. 检查故障历史

检查故障历史（COPIER ＞ DISPLAY ＞ERR）即检查故障日期、故障时间及排除故障时间、故障代码（主码，子码）、故障位置等，显示如图 2 - 57 所示。

图 2 - 57 中，No. 为故障顺序（故障早，数字大），DATE 为故障的日期，TIME1 为故障时间，TIME2 为排除故障时间，CODE 为故障代码，DTL 为故障子码（0000 为无），L 为故障位置（0 为主板，1 为 DADF，2 为分页器，3 未使用，4 为读取单元，5 为打印单元），P 未使用。

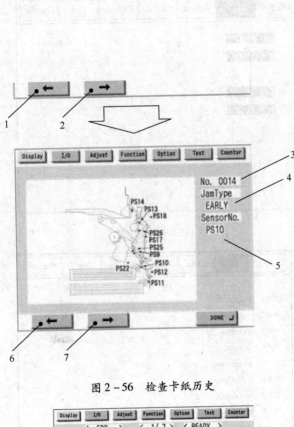

图 2-56　检查卡纸历史

图 2-57　检查故障历史

2.4.3 输入/输出显示模式

图 2-58 是输入/输出(I/O)显示模式的主/中间项目屏及子项目屏的显示及说明。

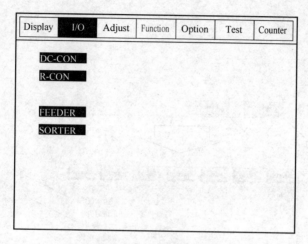

（a）主/中间项目屏

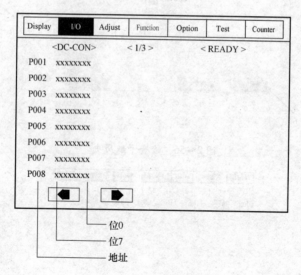

（b）子项目屏

图 2-58 输入/输出显示模式的显示

表 2-7 列出中间项目屏 DC-CON 的检查内容。

90

表 2 -7　中间项目屏 DC - CON 的检查

地址	位	显　　示	备　注
P019	0	Manual feed clutch(手送纸离合器)	1:ON
	1	Registration clutch(对位离合器)	1:ON
	3	Duplex transport clutch(双面输送离合器) (仅 iR2270/2270F/2870/2870F 等型号)	1:ON
	4	Cassette 2 retry sensor(纸盒 2 重试传感器)	1:检测到
	5	Cassette 2 paper sensor(纸盒 2 纸传感器)	1:无纸
	6	Cassette 2 paper level A sensor(纸盒 2 纸水平传感器 A)	1:1/2 或更少
	7	Cassette 2 paper level B sensor(纸盒 2 纸水平传感器 B)	1:50 张或更少
P021	0	Manual feed detection sensor(手送纸传感器)	0:有纸
	2	Duplex transport sensor(双面输送传感器)	1:检测到
P025	4	Pickup 1 solenoid(纸盒 1 搓纸电磁开关)	1:ON
	5	Pickup 2 solenoid(纸盒 2 搓纸电磁开关)	1:ON
P028	5	Cassette 1 paper sensor(纸盒 1 纸传感器)	1:无纸
	6	Cassette 1 paper level A sensor(纸盒 1 纸水平传感器 A)	1:1/2 或更少
	7	Cassette 1 paper level B sensor(纸盒 1 纸水平传感器 B)	1:50 张或更少
P029	0	First paper ejection sensor(输出传感器 1)	1:检测到
	1	First paper ejection full sensor(输出纸满传感器)	0:纸满
	2	Fused paper ejection sensor(定影输出纸传感器)	1:检测到
P030	4	Cassette 1 retry sensor(纸盒 1 重试传感器)	1:检测到

表 2 -8 列出中间项目屏 R - CON 的检查内容。

表 2 -8　中间项目屏 R - CON 的检查

地址	位	说　　明	备　注
P004	0	Document size detection 0(原稿尺寸检测 0)	0:有原稿
	1	Document size detection 1(原稿尺寸检测 1)	0:有原稿
	2	Document size detection 2(原稿尺寸检测 2)	0:有原稿
	3	Document size detection 3(原稿尺寸检测 3)	0:有原稿
P006	4	ADF sensor interrupt input(ADF 传感器中断输入)	0:有效
	5	Platen sensor interrupt input0(稿台传感器中断输入 0)	1:压板关闭
	6	HP sensor interrupt input(初始位置传感器中断输入)	1:有效
	7	Platen sensor interrupt input 1(稿台传感器中断输入 1)	1:压板关闭

表 2 -9 列出中间项目屏 FEEDER 的检查内容。

表 2-9　中间项目屏 FEEDER 的检查

地址	位	显 示	备 注
P002	4	Stamp solenoid(印记电磁开关)	1:ON
	5	Clutch(离合器)	1:ON
P004	0	Document detection sensor(原稿放置传感器)	1:有原稿
	1	Cover sensor(盖开关传感器)	1:关
P005	0	End sensor(原稿尾端传感器)	1:有原稿
	1	Length sensor 2(长度传感器2)	1:有原稿
	2	Length sensor 1(长度传感器1)	1:有原稿
	3	A4/LTR judgment sensor(A4R/LTRR 识别传感器)	1:有原稿
	6	Paper ejection sensor(原稿排出传感器)	1:有原稿

表 2-10 列出中间项目屏 SORTER 的检查内容。

表 2-10　中间项目屏 SORTER 的检查

地址	控制器	位	显 示	备 注
P004	STACKER	2	Oscillating HP sensor(摆动初始位置传感器)	1:ON
		3	Top cover sensor(顶盖传感器)	0:ON
		4	Front cover sensor(前盖传感器)	0:ON
		6	Gear change HP sensor(变速齿轮初始位置传感器)	1:ON
P006	STACKER	0	Punch connection sensor(打孔器连接传感器)	0:ON
		4	Entry sensor(入口传感器)	1:ON
P007	STACKER	4	Tray 2 paper detection sensor(纸盘2纸传感器)	1:ON
		5	Tray 2 paper surface sensor(纸盘2纸面传感器)	1:ON
P008	STACKER	1	Tray 3 connection sensor(纸盘3连接传感器)	0:ON
		7	Tray 1 paper detection sensor(纸盘1纸传感器)	1:ON
P011	STACKER	0	Entry roller spaced solenoid(入口辊分离电磁开关)	1:ON
		3	Buffer roller spaced solenoid(缓冲辊分离电磁开关)	1:ON
		4	Transport path sensor(纸路传感器)	1:ON
P013	STACKER	1	Pre-alignment HP sensor(前校准板初始位置传感器)	1:ON
		2	Pre-alignment HP sensor(后校准板初始位置传感器)	1:ON
		3	Processing tray paper detection sensor(纸盘纸传感器)	1:ON
		4	Rear-end assist HP sensor(后导板初始位置传感器)	1:ON

地址	控制器	位	显　　　　示	备注
P018	STACKER	2	Stapler HP sensor(装订器初始位置传感器)	1:ON
		6	Stapler slide HP sensor(装订器滑动初始位置传感器)	1:ON
		7	Stapler alignment plate sensor(装订器校准板传感器)	1:ON
P019	STACKER	2	Under bundle roller clutch(堆叠下辊离合器)	1:ON
		3	Shutter clutch(快门离合器)	1:ON
		5	Buffer paper rear – end press solenoid(缓冲后尾部电磁开关)	1:ON
P020	STACKER	4	Ejection – position paper detection sensor(排纸传感器)	1:ON
		6	Shutter HP sensor(快门初始位置传感器)	1:ON
P027	SADDLE	2	Paper ejection cover sensor connector open(排纸盖传感器开)	0:ON
		3	Front cover sensor connector open(前盖传感器开)	0:ON
P029	SADDLE	4	Folding motor clock sensor(折纸电机时钟传感器)	1:ON
		5	Butting motor clock sensor(推纸板电机时钟传感器)	1:ON
P030	SADDLE	0	Paper positioning plate HP sensor(纸定位板初始位置传感器)	0:ON
		1	Folding roller guide HP sensor(折纸辊初始位置传感器)	1:ON
P031	SADDLE	0	Saddle tray paper detection sensor(纸盘纸传感器)	0:ON
		1	Paper positioning section paper detection sensor(纸定位板纸传感器)	0:ON
		2	Crescent roller HP sensor(月状辊传感器)	0:ON
P032	SADDLE	5	Paper ejection cover open detection sensor(排纸盖传感器)	0:ON
		6	Saddle alignment HP sensor(校准板初始位置传感器)	0:ON
P033	SADDLE	0	Entry flapper solenoid(鞍口电磁开关)	1:ON
		6	Entry path sensor(鞍口传感器)	1:ON
P038	PUNCHER	7	Punch HP sensor(打孔初始位置传感器)	0:ON
P040	PUNCHER	4	Horizontal registration HP sensor(水平对位初始位置传感器)	1:ON
P041	PUNCHER	5	Horizontal registration motor(水平对位电机)	0:ON
P042	PUNCHER	4	Front cover sensor(前盖传感器)	0:ON
P043	PUNCHER	5	Top cover sensor(顶盖传感器)	0:ON

2.4.4 调整模式

表2-11列出调整模式的主要调整内容。

表2-11 调整模式的主要调整内容

子项目屏	COPIER > ADJUST > FEED-ADJ(初始屏 > 主项目屏 > 中间项目屏)	
	说　明	级别
REGIST	调整对位辊离合器ON的时序。调整范围为-128~127(默认值0),数值增加1图像向前移动0.1mm。若清除DC控制板上RAM或更换DC控制板,输入维修标签上的数值	1
COPIER > ADJUST > CST-ADJ		
MF-A4R	调整手送纸盘纸宽(A4R)。调整范围为0~1024(默认值516),若清除DC控制板上RAM或更换DC控制板,输入维修标签上的数值。更换纸宽度检测VR或第一次登记新值,需执行FUNCTION>CST	1
MF-A4	调整手送纸盘纸宽(A4)。调整范围为0~1024(默认值791),若清除DC控制板上RAM或更换DC控制板,输入维修标签上的数值。更换纸宽度检测VR或第一次登记新值,需执行FUNCTION>CST	1
COPIER > ADJUST > FIXING		
FX-FL-SP	调整使用普通纸时定影膜速度。调整范围为-3~3(默认值0),若清除DC控制板上RAM或更换DC控制板,输入维修标签上的数值	2
FX-FL-TH	调整使用厚纸时定影膜速度。调整范围为-3~3(默认值0),若清除DC控制板上RAM或更换DC控制板,输入维修标签上的数值	2
FX-FL-LW	调整使用薄纸时定影膜速度。调整范围:-3~3(默认值0),若清除DC控制板上RAM或更换DC控制板,输入维修标签上的数值	2
FEEDER > ADJUST		
LA-SPEED	调整原稿输送速度。调整范围为-30~30(出厂值0),数值增大,图像缩小	1
SORTER > ADJUST		
PNCH-HLE	调整纸尾端到打孔位置的距离。调整范围为-4~2(出厂值0)	1

2.4.5 功能(动作/检查)模式

表2-12列出功能(动作/检查)模式的主要检查内容。

94

表 2 – 12　功能(动作/检查)模式的主要检查内容

COPIER ＞ FUNCTION ＞ CST(初始屏＞主项目屏＞中间项目屏)		
子项目屏	说　明	级别
MF – A4R MF – A6R MF – A4	登记手送纸宽度。A4R 宽度 210mm,A6R 宽度 105mm,A4 宽度 297mm。操作:在手送纸盘放入 A4R 宽度稿并用 A4R 宽度导板对齐;选择 MF – A4R(MF – A6R 或 MF – A4),使显示反转,自动调整后按 OK 键登记	1
COPIER ＞ FUNCTION ＞ PART – CHK		
CL	检查离合器的动作。1 为手送搓纸离合器 CL1,2 为对位离合器 CL2,4 为 iR2270/iR2270F/iR2870/iR2870F 双面输送离合器,5 为侧纸仓输送离合器 CL1D,6 为侧纸仓搓纸离合器 CL2D。操作:选择选项,输入离合器号按 OK 键,按 CL – ON 检查动作	1
CL – ON	选定离合器按 OK 键,离合器 ON0.5s—OFF10s—ON0.5s—OFF10s—ON0.5s—OFF 为正常	1
MTR	检查电机的动作。2 为主电机 M2,3 为定影电机 M3,4 为输出电机 1M4,6 为纸盒 1 搓纸电机 M6,7 为纸盒 2 搓纸电机 M7,8 为 iR3570/iR3570F/iR4570/iR4570F 双面输送电机 M10,10 为纸盒 3 搓纸电机 M1,11 为纸盒 4 搓纸电机 M2,12 为侧纸仓主电机 M1,13 为侧纸仓提升电机 M2,14 为入口电机 M31,15 为堆叠电机 M32。操作:选择选项,输入电机号按 OK 键,按 MTR – ON 检查动作	1
MTR – ON	选定电机按 OK 键,电机 ON20s 后 OFF 为正常	1
SL	检查电磁开关的动作。1 为纸盒 1 搓纸电磁开关 SL1,2 为纸盒 2 搓纸电磁开关 SL2,3 为纸盒 3 搓纸电磁开关 SL51,4 为纸盒 4 搓纸电磁开关 SL52,5 为侧纸仓搓纸电磁开关 SL1D,6 为侧纸仓开仓电磁开关 SL1D。	1
	操作:选择选项,输入电磁开关号按 OK 键,按 SL – ON 检查动作	
SL – ON	选定电磁开关按 OK 键,电磁开关 ON0.5s—OFF5s—ON0.5s—OFF5s—ON0.5s—OFF 为正常	1
COPIER ＞ FUNCTION ＞ CLEAR		
JAM – HIST	清除卡纸历史。操作:选择选项按 OK 键	1
ERR – HIST	清除故障历史。操作:选择选项按 OK 键	1
COPIER ＞ FUNCTION ＞ MISC – P		
HIST – PRT	打印输出卡纸历史与故障历史。操作:选择选项按 OK 键	1
FEEDER ＞FUNCTION		
TRY – A4	自动调整输稿器 A4 原稿的宽度	1
TRY – A5R	自动调整输稿器 A5R 原稿的宽度	1
TRY – LTR	自动调整输稿器 LTR 原稿的宽度	1

子项目屏	说　　明	级别
TRY – LTRR	自动调整输稿器 LTRR 原稿的宽度	1
FEED – CHK	检查 ADF 动作。0 为单面输送,1 为双面输送,2 为单面输送并打标记,3 为双面输送并打标记(出厂值0)。操作:按 FEED – CHK 使其反转显示,输入动作号按 OK 键,按 FEED – ON 检查 ADF 动作	1
FEED – ON	检查 ADF 输送纸动作。操作:按 FEED – ON 和 OK 键,ADF 按 FEED – CHK 所设模式输送原稿	1

2.4.6　选项(设置)模式

表 2 – 13 列出选项(设置)模式的主要设置内容。

表 2 – 13　选项(设置)模式的主要设置内容

COPIER ＞ OPTION ＞ BODY(初始屏 ＞ 主项目屏 ＞ 中间项目屏)		
子项目屏	说　　明	级别
SENS – CNF	设置原稿检测传感器排列:1 为 AB 制(默认值),2 为英制,3 为 A 制	2
COPIER ＞ OPTION ＞ ACC		
DK – P	设置侧纸仓纸尺寸:0 为 A4(默认值),1 为 B5,2 为 LTR	1
FEEDER ＞ OPTION		
SIZE – SW	设置是否检测 AB 制和英制原稿:0 为不检测(默认值),1 为检测	1
SORTER ＞ OPTION		
BLNK – SW	设置鞍式装订器的边距宽:0.5mm,1.10mm(出厂值)	1

2.4.7　测试打印模式

表 2 – 14 列出测试打印模式的主要设置内容。

表 2 – 14　测试打印模式的主要设置内容

COPIER ＞ TEST ＞ PG(初始屏 ＞ 主项目屏 ＞ 中间项目屏)		
子项目屏	说　　明	级别
PG – PICK	设置测试打印纸源。1 为纸盒1,2 为纸盒2,3 为纸盒3,4 为纸盒4,5 为侧纸仓,6 为手送纸	1
2 – SIDE	设置测试打印输出模式。0 为单面(默认值),1 为双面	1

2.4.8　列出计数器模式

表 2 – 15 列出计数器模式检查的主要计数器。

表 2 - 15　计数器模式检查的主要计数器

COPIER > COUNTER > TOTAL(初始屏 > 主项目屏 > 中间项目屏)		
子项目屏	说　　明	级别
COPY	复印总计数器。计数随复印件制成并排出机器而增加,计数器在 99999999 后归零(00000000)	1
C1/2/3/4	纸盒 1/2/3/4 计数器。显示从纸盒 1/2/3/4 送出纸的数量,不论送出纸尺寸计数器均增加 1,计数器在 99999999 后归零(00000000)	1
MF	手送计数器。显示手送复印数量,不论送出纸尺寸计数器均增加 1,计数器在 99999999 后归零(00000000)	1
DK	侧纸仓计数器。显示侧纸仓送出纸的数量,不论送出纸尺寸计数器均增加 1,计数器在 99999999 后归零(00000000)	1
2 - SIDE	双面计数器。显示双面输送的数量,不论送出纸尺寸计数器均增加 1,计数器在 99999999 后归零(00000000)	1
COPIER > COUNTER > FEEDER		
FEED	ADF 输送原稿计数器。显示 ADF 输送原稿的数量,不论送出稿尺寸计数器均增加 1,计数器在 99999999 后归零(00000000)	1
COPIER > COUNTER > JAM		
TOTAL	复印卡纸总计数器	1
FEEDER	ADF 卡稿计数器	1
SORTER	分页器卡纸计数器	1
2 - SIDE	双面器卡纸计数器	1
MF	手送卡纸计数器	1
C1/2/3/4	纸盒 1/2/3/4 卡纸计数器	1
DK	侧纸仓卡纸计数器	1

第3章 理光(af1035、af1045、af1035p、af1045p)、基士得耶(3502、4502、3502p、4502p)、萨文(2535、2545、2535p、2545p)、雷利(5635、5645)数码复印机

3.1 纸路结构

3.1.1 主机及纸路选件

理光 af1035、af1045、af1035p、af1045p、基士得耶 3502、4502、3502p、4502p、萨文 2535、2545、2535p、2545p、雷利 5635 和 5645 等数码复印机的主机及纸路选件如图 3-1 所示。

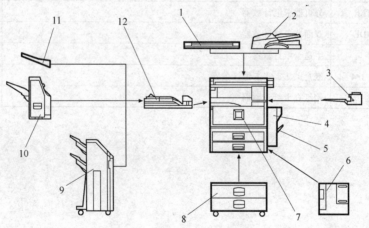

图 3-1 主机及纸路选件

图3-1 中,1 为原稿压板,2 为 ARDF,3 为单格纸盘,4 为双面单元,5 为手送纸盘,6 为大容量纸箱,7 为主机,8 为纸盒单元,9 为二纸盘最终加工器(2 个

移动纸盘),10 为 1000 张最终加工器(1 个移动纸盘),11 为外接纸盘,12 为桥接单元(1000 张最终加工器和二纸盘最终加工器均需安装桥接单元)。

3.1.2 主机＋选件的纸路系统

图 3 – 2(a)是理光 af1035、af1045、af1035p、af1045p、基士得耶 3502、4502、3502p、4502p、萨文 2535、2545、2535p、2545p、雷利 5635 和 5645 等数码复印机主机纸路系统的机电元件,图 3 – 2(b)是主机＋选件的纸路,黑色箭头曲线(实线和虚线)为复印纸路径。

图 3 – 2(a)中,1 为热辊,2 为双面入口传感器 S20,3 为反转门,4 为反转辊,5 为压力辊,6 为上输送辊,7 为转印带,8 为光导鼓,9 为对位辊,10 为下输送辊,11 为双面排纸传感器 S21,12 为手送纸台,13 为手送搓纸轮,14 为手送纸无纸传感器 S22,15 为手送进纸轮,16 为手送纸分离轮,17 为上中继辊,18 为进纸轮,19 为分离轮,20 为搓纸轮,21 为排纸活门,22 为排纸轮,23 为排纸传感器 S8;图 3 – 2(b)中,1 为 ARDF,2 为换面单元,3 为双面单元,4 为手送纸盘,5 为 LCT(大容量纸箱),6 为纸盒单元 7 为二纸盘最终加工器,8 为桥接单元,9 为单格纸盘。

3.1.3 主要选件的机电元件

1.1ARDF
图 3 – 3 是 ARDF(自动翻转送稿器)的机电元件。

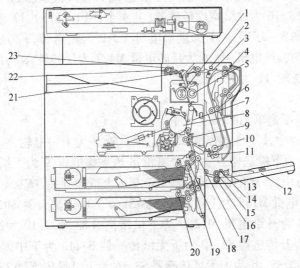

(a)主机纸路的机电元件

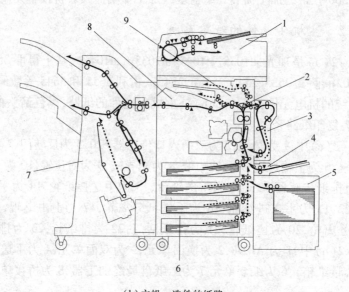

(b)主机＋选件的纸路

图 3－2　主机纸路系统与主机＋选件的纸路

图 3－3(a)中,1 为搓稿轮,2 为原稿盘,3 为原稿长度传感器 1S6,4 为原稿长度传感器 2S11,5 为反转台,6 为反转轮,7 为活门,8 为分离轮,9 为出稿轮,10 为出稿传感器 S14,11 为惰轮 3,12 为惰轮 2,13 为输送轮,14 为对位传感器 S15,15 为惰轮 1,16 为原稿宽度传感器(共 4 个,S10～S13),17 为歪斜校准轮,18 为输送带;图 3－3(b)中,1 为进稿电机 M2,2 为输送带,3 为搓稿轮,4 为搓稿电机 M1,5 为输送电机 M3,6 为反转电机 M4,7 为反转轮,8 为出稿轮,9 为分离轮,10 为输送轮,11 为歪斜校准轮。

2. 纸盒单元

图 3－4 是纸盒单元的机电元件。

图 3－4(a)中,1 为上搓纸轮,2 为上输送轮,3 为上中继轮,4 为上分离轮,5 为下中继轮,6 为下输送轮,7 为下分离轮,8 为下搓纸轮,9 为下纸盒,10 为上纸盒;图 3－4(b)中,1 为上纸量传感器 1S7,2 为上纸盒开关 SW1,3 为下纸盒开关 SW2,4 为纸盒电机 M1,5 为上提升传感器 S1,6 为中继离合器 MC3,7 为上供纸离合器 MC1,8 为升纸电机 M12,9 为下供纸离合器 MC2,10 为纵向输送开关 SW3,11 为下提升传感器 S2,12 为下无纸传感器 S4,13 为下中继传感器 S6,14 为上中继传感器 S5,15 为上无纸传感器 S3,16 为下纸量传感器 2S10,17 为下纸量传感器 1S9,18 为上纸量传感器 2S8。

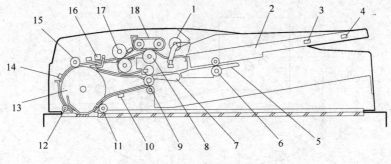

（a）主要元件

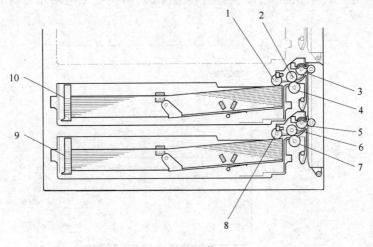

（b）驱动元件

图 3-3　ARDF 的机电元件

（a）机械元件

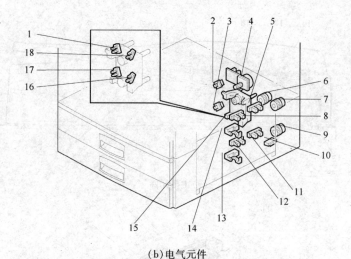

（b）电气元件

图 3-4　纸盒单元的机电元件

3. 大容量纸箱（LCT）

图 3-5 是大容量纸箱的机电元件。

图 3-5（a）中,1 为中继轮,2 为中继传感器 S2,3 为供纸辊,4 为搓纸轮,5 为无纸传感器 S1,6 为纸盘,7 为分离辊;图 3-5（b）中,1 为中继离合器 MC2,2 为供纸离合器 MC1,3 为主电机 M1,4 为纸高传感器 1S5,5 为纸高传感器 2S6,6 为纸高传感器 3S7,7 为侧栏板位置传感器 S9,8 为下限传感器 S4,9 为设置传感器 S8,10 为盖开关 SW1,11 为提升电机 M2,12 为下降开关 SW2,13 为中继传感器 S2,14 为无纸传感器 S1,15 为提升传感器 S3,16 为搓纸电磁开关 SOL1。

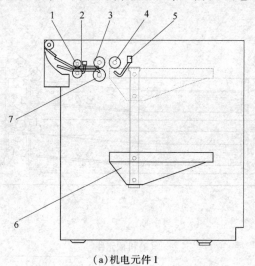

（a）机电元件 1

102

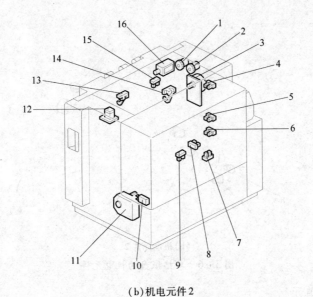

(b)机电元件2

图3-5　大容量纸箱的机电元件

4. 单格纸盘

图3-6是单格纸盘的机电元件。

图3-6(a)中,1为限位传感器 S2,2 为出口轮,3 为入口传感器 S1,4 为入口轮,5 为纸传感器 S3,6 为纸盘,7 为纸盘电机 M1;图3-6(b)中,1为电机锁定传感器 S4,3 为纸盘电机 M1,4 为右盖开关 SW1,5 为限位传感器 S2,6 为纸传感器 S3,7 为入口传感器 S1,8 为纸指示灯。

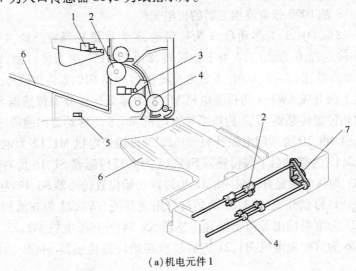

(a)机电元件1

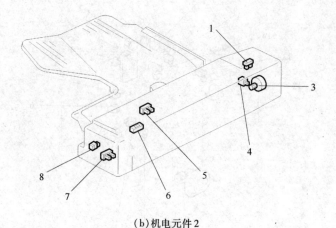

（b）机电元件2

图3-6 单格纸盘的机电元件

5. 桥接单元

图3-7是桥接单元的机电元件（1000张最终加工器和二纸盘最终加工器要求先装此单元）。

图3-7（a）中，1为上出纸辊，2为活门电磁开关SOL1，3为活门，4为第1输送辊，5为中继传感器S2，6为第2输送辊，7为左出纸辊；图3-7（b）中，1为左导开关SW3，2为右导开关SW2，3为出纸传感器S1，4为冷却扇M1，5为出纸开关SW1，6为活门电磁开关SOL1，7为中继传感器S2。

6. 1000张最终加工器

图3-8是1000张最终加工器的机电元件。

图3-8（a）中，1为移动盘，2为排纸轮，3为排纸轮释放凸轮，4为上输送辊，5为中输送辊，6为活门，7为下输送辊，8为入口轮，9为装订器，10为定位轮，11为输出带；图3-8（b）中，1为堆叠高度传感器S10，2为排纸传感器S9，3为移动盘上限开关SW1，4为排纸电机M7，5为排纸导板开关传感器S8，6为排纸导板初始位置传感器S7，7为排纸导板电机M6，8为移动盘回缩传感器S12，9为移动电机M9，10为活门电磁开关SOL1，11为输送电机M1，12为定位轮电磁开关SOL2，13为移动盘下限传感器S11，14为入口传感器S1，16为右盖安全开关SW2，17为移动盘提升电机M8，18为钉锤初始位置传感器S6，19为钉锤电机M4，20为装订钉盒开关SW3，21为装订钉用完开关SW4，22为齐纸初始位置传感器S3，23为堆叠输出带初始位置传感器S5，24为齐纸电机M2，25为齐纸传感器S2，26为后栏板电机M3，27为后栏板初始位置传感器S4，28为堆叠输出电机M5。

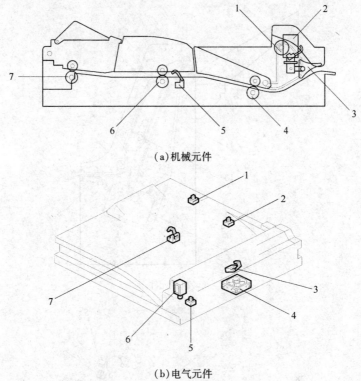

（a）机械元件

（b）电气元件

图3－7　桥接单元的机电元件

7. 二纸盘最终加工器

图3－9是二纸盘最终加工器机械系统剖视图和驱动布局,图3－10是二纸盘最终加工器的电气元件。

图3－9(a)中,1为上活门,2为打孔单元(选件),3为装订器活门,4为预堆叠盘,5为装订器,6为装订盘,7为盘2,8为盘1;图3－9(b)中,1为盘1提升电机,2为入口轮,3为盘2提升电机,4为上排纸轮,5为盘1移动电机,6为排纸导板电机,7为下排纸轮,8为盘2移动电机,9为排纸电机,10为下输送电机,11为预堆叠电机,12为上输送电机,13为打孔电机,14为入口电机,15为堆叠输出电机,16为齐纸电机,17为装订电机,18为装订旋转电机。

图3－10(a)中,1为上排纸传感器S24,2为上堆叠高度传感器1S14,3为上堆叠高度传感器2S15,4为盘1移动传感器S26,5为盘2移动传感器S27,6为装订模式传感器S30,7为盘锁定电磁开关SOL1,8为盘1移动电机M14,9为盘1安全开关SW2,10为后栏板锁定电磁离合器CL1,11为盘1下限传感器S25,12为盘1溢出传感器2S29, 14为移动模式传感器S28,15为盘1溢出传感器

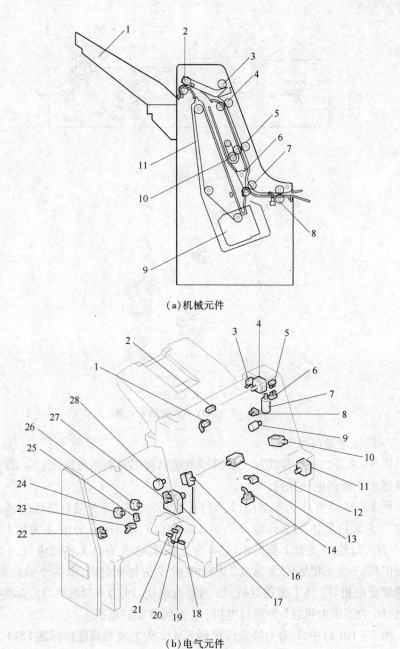

(a)机械元件

(b)电气元件

图3-8　1000张最终加工器的机电元件

1S31，16为盘释放传感器S16,17为盘1上限开关SW3;图3-10(b)中,1为排纸导板开关传感器S3,2为下排纸传感器S13,3为下堆叠高度1传感器S17,4

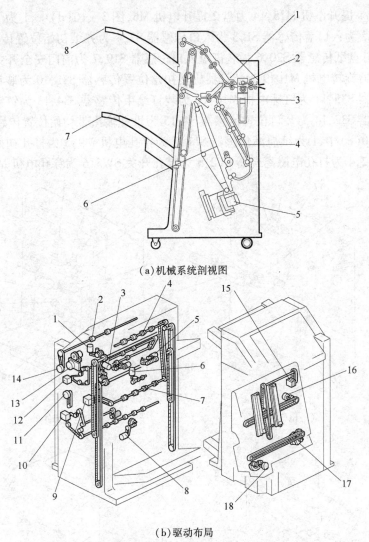

（a）机械系统剖视图

（b）驱动布局

图3-9　二纸盘最终加工器机械系统剖视图和驱动布局

为下堆叠高度2传感器S18,5为盘2回缩传感器S9,6为盘2往返传感器S10,7为盘2移动电机M7,8为盘2下限传感器S8,9为盘2溢出传感器2S6,10为盘2溢出传感器1S7,11为盘2上限开关SW4,12为排纸导板安全开关SW1,13为排纸导板电机M3;图3-10(c)中,1为排纸电机M2,2为堆叠输出电机M12,3为齐纸电机M4,4为装订电机M11,5为预堆叠活门电磁开关SOL2,6为定位辊电磁开关SOL3,7为下输送电机M5,8为预堆叠电机M8,9为上输送电机M13,10为入口电机M1,11为装订活门电磁开关SOL4,12为盘活门电磁开关SOL5,

13 为盘 1 提升电机 M15,14 为盘 2 提升电机 M6,图 3 - 10(d)中,1 为上盖传感器 S23,2 为入口盖传感器 S1,3 为入口传感器 S2,4 为齐纸初始位置传感器 S5,5 为装订盘纸传感器 S20,6 为装订盘入口传感器 S19,7 为前门安全开关 SW6,8 为装订器旋转电机 M10,9 为装订器旋转初始位置传感器 S21,10 为装订初始位置传感器 S35,11 为钉锤电机 M16,12 为装订结束传感器 S34,13 为钉锤初始位置传感器 S32,14 为装订位置传感器 S4,15 为堆叠输出带初始位置传感器 S22;图 3 - 10(e)中,1 为纸屑满传感器 S11,2 为打孔电机 M9,3 为打孔初始位置传感器 S12,4 为打孔电磁离合器 CL2,5 为穿孔开关 SW5,6 为穿孔电机 M17。

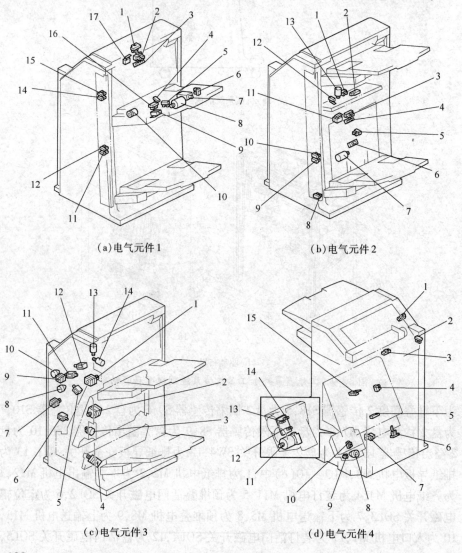

(a)电气元件 1　　　　　　　(b)电气元件 2

(c)电气元件 3　　　　　　　(d)电气元件 4

108

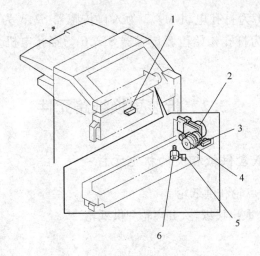

(e)电气元件5

图3-10　二纸盘最终加工器的电气元件

8. 打孔单元

图3-11是打孔单元(二纸盘最终加工器选件)的机电元件。

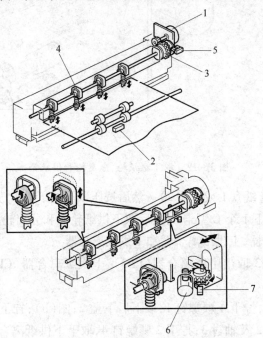

图3-11　打孔单元的机电元件

图 3-11 中,1 为打孔电机 M9,2 为入口传感器 S2,3 为打孔电磁离合器 CL2,4 为冲头,5 为打孔初始位置传感器 S12,6 为穿孔电机 M17,7 为穿孔开关 SW5。

3.2 拆装更换纸路元件

3.2.1 与纸盒供纸相关的机电元件

1. 搓纸轮、分离轮和供纸轮

参照图 3-12 取出搓纸轮、分离轮和供纸轮。

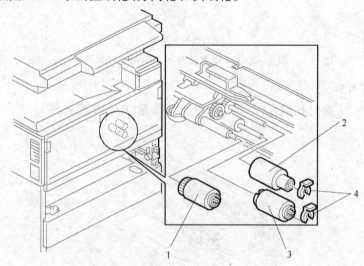

图 3-12 取下搓纸轮、分离轮和供纸轮

先取下纸盒(纸盒 1 或纸盒 2)。然后按压取下搓纸轮 1,从供纸轮 2 和分离轮 3 的前端各取下 1 个 C 型卡 4,然后取下供纸轮 2 和分离轮 3。

2. 中继离合器、上供纸离合器和下供纸离合器

参照图 3-13 取出中继离合器(CL3)、上供纸离合器(CL4)和下供纸离合器(CL5)。

其中:图(a),拧下 4 颗螺钉 1,取下后下盖 2;图(b),拧下 2 颗螺钉 1,取下上供纸离合器架 2 及轴衬 3;拧下 2 颗螺钉 4,取下下供纸离合器架 5 及轴衬 6;拧下螺钉 7,取下弹簧 8,然后取下紧固架 9 及轴承 10;取下中继离合器 11、上供纸离合器 12 和下供纸离合器 13。

110

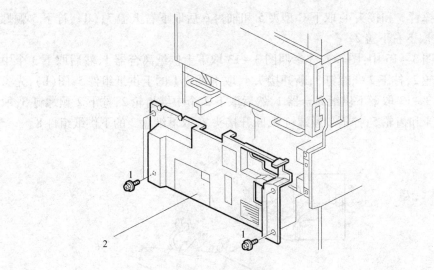

（a）取下后下盖

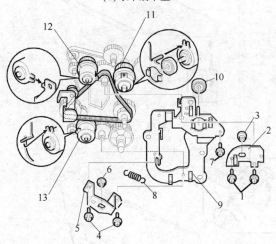

（b）取出各离合器

图 3-13　取出中继离合器、上供纸离合器和下供纸离合器

3. 纸盒 1 的上供纸组件和纸盒 2 的下供纸组件

先参照图 3-14 取下机器的右上盖和右下盖，然后取出 2 个纸盒。参照图 3-15 取下纸盒 1 的上供纸组件和纸盒 2 的下供纸组件。

图 3-14 中：图（a），拧下螺钉 1，取下接头盖 2，断开 2 个接头 3；取下 C 型卡 4，断开双面单元支撑臂 5，取下双面单元 6；图（b），先打开手送纸盘和右盖，然后转动卡勾 1，取出转印带单元 2；图（c），拧下螺钉 1，断开金属支撑臂 2；断开

111

带支撑臂3和接头4;取下C型夹5和轴衬6后取下右上盖7;(d),拧下5颗螺钉1,取下右下盖2。

图3-15中:图(a),先参照图3-13取下上供纸离合器1,然后取下3个中继齿轮2,拧下2颗螺钉3,断开接头4,取下纸盒1的上供纸组件5;图(b),先参照图3-13取下下供纸离合器1,然后取下2个中继齿轮2,拧下2颗螺钉3,取下盖4和齿轮5;拧下2颗螺钉6,断开接头7,取下纸盒2的下供纸组件8。

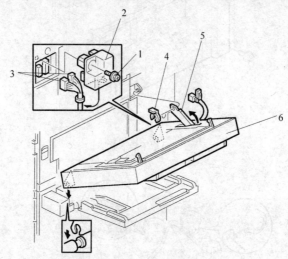

(a)取下双面单元

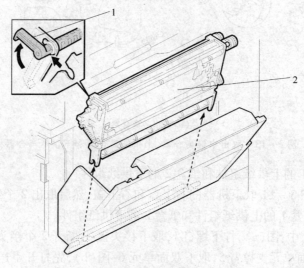

(b)取出转印带单元

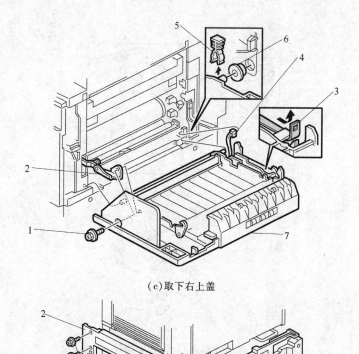

（c）取下右上盖

（d）取下右下盖

图3－14　取下机器的右上盖和右下盖

4. 无纸传感器、纸高度传感器和中继传感器

参照图3－16从相应的供纸组件上取下无纸（纸用完）传感器（上/下无纸传感器 S13/S14）、纸高度传感器（上/下纸高度传感器 S11/S22）和中继传感器（上/下中继传感器 S15/S16）。

断开接头1，取下纸高度传感器2；断开接头3，取下无纸传感器4；拧下螺钉5，取下中继传感器座6；断开接头7，取下中继传感器8。

5. 纸盘提升电机

先参照图3－13取下机器后下盖，然后参照图3－17取出纸盘提升电机（M4）。

拧下2颗螺钉1，取下支架2；拧下2颗螺钉3，断开接头4，取下电机驱动板5；拧下2颗螺钉6，取出纸盘提升电机7。

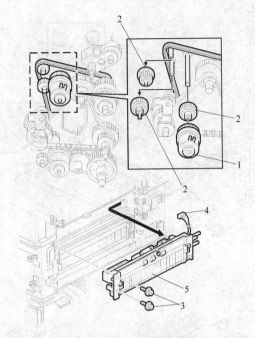

（a）取下纸盒1的上供纸组件

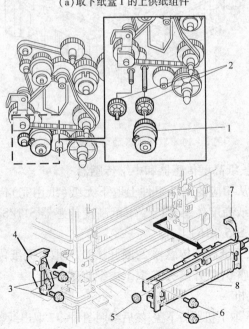

（b）取下纸盒2的下供纸组件

图3－15　取下纸盒1的上供纸组件和纸盒2的下供纸组件

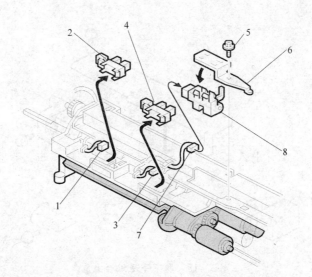

图 3-16 取下无纸传感器、纸高度传感器和中继传感器

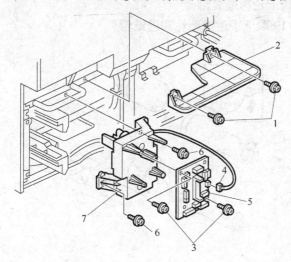

图 3-17 取出纸盘提升电机

3.2.2 与手送纸相关的机电元件

1. 纸台上盖

参照图 3-18 取下手送纸台上盖。

先关闭双面单元,然后拧下螺钉 1,取下后盖 2;拧下螺钉 3,取下前盖 4;拧下螺钉 5,取下铰链盖 6;拧下 2 颗螺钉 7,取下手送纸台上盖 8。

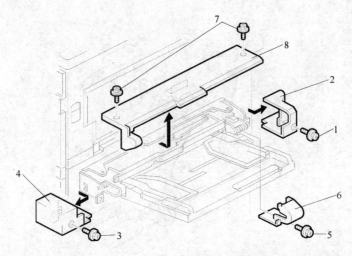

图 3 - 18　取下手送纸台上盖

2. 手送纸搓纸轮和进纸轮

参照图 3 - 19 取下手送搓纸轮和进纸轮。

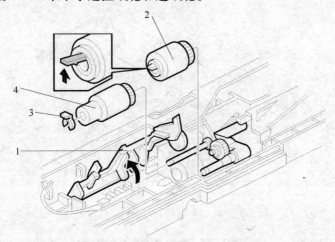

图 3 - 19　取下手送搓纸轮和进纸轮

先参照图 3 - 18 取下手送纸台上盖,然后抬起纸末端锁定板 1;按压取下手送搓纸轮 2;先取下 C 型卡 3,然后取下手送进纸轮 4(重装手送纸台上盖前,放下纸末端锁定板 1)。

3. 手送纸分离轮

参照图 3 - 20 取下手送纸分离轮。

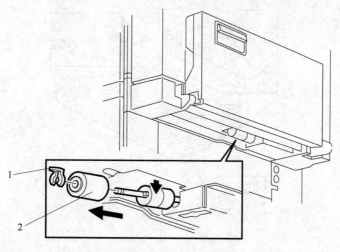

图 3-20　取下手送纸分离轮

关闭手送纸台,然后从手送纸台底部取下 C 型卡 1 和分离轮 2。

4. 无纸传感器和搓纸电磁开关

参照图 3-21 取下无纸传感器(S22)和搓纸电磁开关(SOL2)。

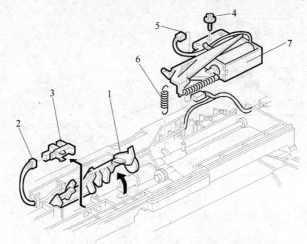

图 3-21　取下无纸传感器和搓纸电磁开关

先参照图 3-18 取下手送纸台上盖,然后抬起纸末端板锁定 1;断开接头 2,取下无纸传感器 3;拧下螺钉 4,断开接头 5,摘下弹簧 6,取下搓纸电磁开关 7 (重装手送纸台上盖前,放下纸末端锁定板 1)。

5. 纸尺寸传感器板

参照图 3-22 取下纸尺寸传感器板。

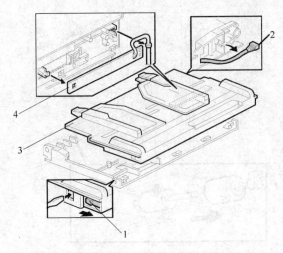

图 3 - 22 取下纸尺寸传感器板

按压移动勾卡 1,断开接头 2,取下手送纸盘 3,然后取下纸尺寸传感器板 4。

6. 手送纸台

参照图 3 - 23 取下手送纸台。

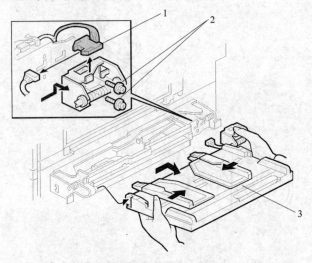

图 3 - 23 取下手送纸台

先参照图 3 - 18 取下铰链盖,然后断开接头 1,拧下 2 颗螺钉 2,取下手送纸台 3。

7. 手送纸离合器

参照图 3 - 24 取下手送纸离合器(CL6)。

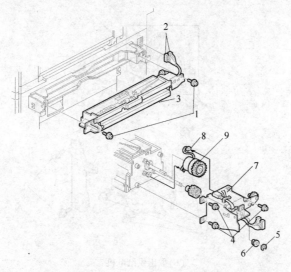

图 3 – 24　取下手送纸离合器

　　先参照图 3 – 23 取下手送纸台,然后拧下 2 颗螺钉 1,断开 2 个接头 2,取下送纸单元 3;拧下 3 颗螺钉 4,取下 C 型卡 5、轴衬 6 和后支架 7;断开接头 8,取下手送纸离合器 9。

3.2.3　与输送相关的机电元件

1. 供纸电机组件

　　参照图 3 – 13 取下机器后下盖,参照图 3 – 17 取出纸盘提升电机,然后参照图 3 – 25 取出供纸电机(M2)。

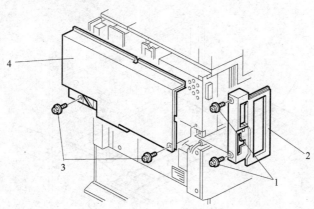

(a)取下左角盖和后上盖

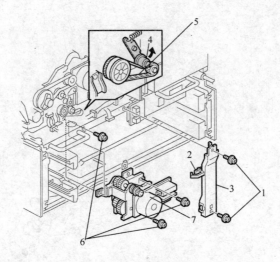

(b)取出供纸电机

图 3 - 25 取出供纸电机

其中:图(a),拧下 2 颗螺钉 1,取下左角盖 2;拧下 2 颗螺钉 3,取下后上盖 4;图(b),拧下 2 颗螺钉 1,从线卡 2 中释放线束后取下支架 3;抬起张紧轮 4,取出定时带 5;拧下 3 颗螺钉 6,取出供纸电机组件 7(需断开 2 个接头)。

2. 对位传感器

先参照图 3 - 26 取下机器前门、PCU(光导体组件)和显影器等相关元件(组件),以及手送纸台上盖(图 3 - 18)、右上盖和转印带单元(图 3 - 14)等。

其中:图(a),打开前门 1,取下左销钉 2 和右销钉 3,然后取下前门 1;图

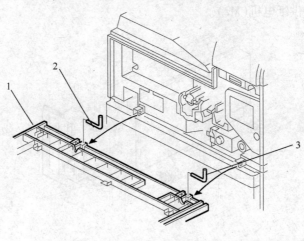

(a)取下前门

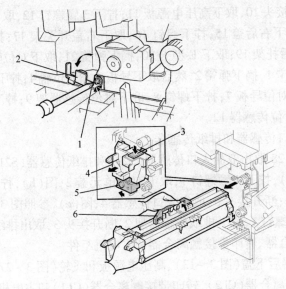

(b)取出 PCU

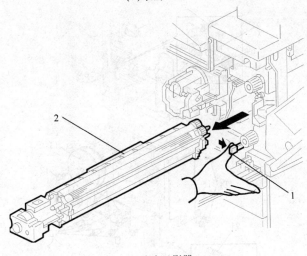

(c)取出显影器

图 3-26　取出相关组件

(b),先打开前门,放下手送纸盘,打开双面单元和转印右盖,然后拧松螺钉 1,向左转动支架 2,按压释放杆 3,稍向外拉 PCU4,向左推显影器 5;握住把手 6,取出 PCU4;图(c),向右推显影器定位卡 1,取出显影器 2。

参照图 3-27 取出对位传感器(S9)。

其中:图(a),拧下 2 颗螺钉 1,取下内盖 2;拧下螺钉 3,取下对位传感器前托架 4;取下 E 型卡 5 和对位辊前齿轮 6;摘下弹簧 7,取下前轴衬 8;拧下 3 颗螺钉9,断开6个接头10,取下高压电源板11;拧下3颗螺钉12,取下飞轮13;拧下3颗螺钉14,取下右后盖15;拧下螺钉16,取下右盖开关架17;拧下螺钉18,取下对位传感器后托架19;取下E型卡20,摘下弹簧21,取下对位辊后轴衬22;图(b),取下C型卡1,摘下弹簧2,然后取下导板3和对位辊4;拧下2颗螺钉5,断开接头6,取下对位导板7;拧下螺钉8,取下对位传感器架9;拧下螺钉10,断开接头11,取下对位传感器12。

3. 双面入口传感器和排纸传感器

参照图3-28取出双面入口传感器(S20)和排纸传感器(S21)。

其中:图(a),拧下4颗螺钉1,取下双面单元盖2;图(b),拧下螺钉1,取下入口传感器架2;断开接头3,取出入口传感器4;图(c),参照图3-14取出双面单元,然后拧下螺钉1,取下排纸传感器架2,断开接头3,取出排纸传感器4。

4. 对位离合器、转印带接触离合器和主电机组件

先取下机器后下盖(图3-13)、高压电源板和飞轮(图3-27),然后参照图3-29取出对位离合器(CL2)、转印带接触离合器(CL1)和主电机(M1)。

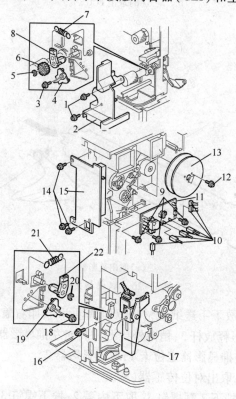

(a)取下对位辊前后轴衬等

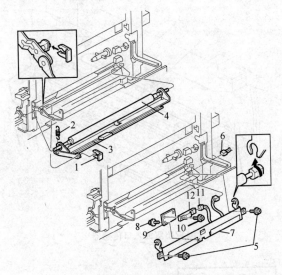

(b)取出对位传感器

图3-27 取出对位传感器

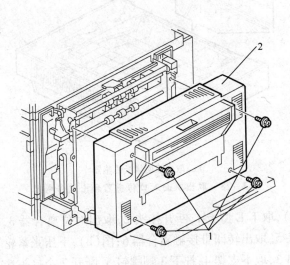

(a)取下双面单元盖

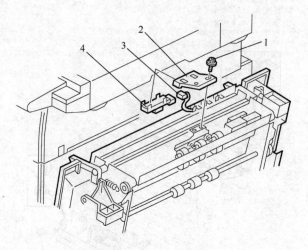

（b）取出双面入口传感器

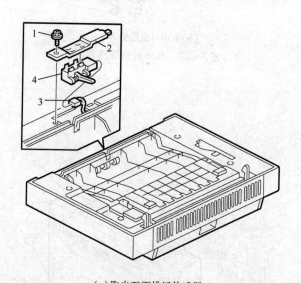

（c）取出双面排纸传感器

图 3-28　取出双面入口传感器和出纸传感器

　　其中:图(a),取下 E 型卡 1,断开接头 2,取出对位离合器 3;拧下 2 颗螺钉
4,断开 2 个接头 5,取出转印带接触离合器 6;图(b),下压张紧轮 1,取下定时带
2;拧下 3 颗螺钉 3,取下支架 4;拧下 3 颗螺钉 5,断开 2 个接头 6,取出主电机组
件7。

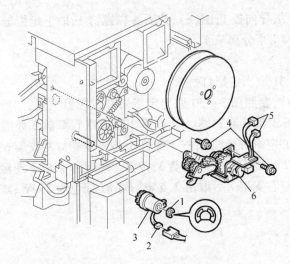

（a）取出对位离合器和转印带接触离合器

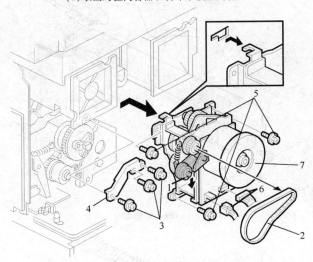

（b）取出主电机

图 3 – 29　取出对位离合器、转印带接触离合器和主电机

3.2.4　与定影相关的机电元件

1. 热辊分离爪

参照图 3 – 30 取下热辊分离爪。

其中：图（a），先打开机器前门和双面单元和右门，然后按下螺钉 1，左推定影器释放杆 2，拉出定影器 3；图（b），向左（右）推纸导向板 1，使卡栓脱离右

(左)栓孔,取下纸导向板1;图(c),拧下4颗螺钉1,取下定影器上盖2;然后取下7个弹簧3和7个分离爪4。

2. 定影灯

参照图3-31取出定影灯。

其中:图(a),参照图3-30取出定影器并定影器上盖,然后拧下2颗螺钉1,取下人口导板2和下盖3;图(b),拧下2颗螺钉1,释放2处端子2,断开3个线卡3,释放中心定影灯导线4;拧下螺钉5,取下定影灯左支架6;图(c),拧下2颗螺钉1,释放2处端子2,取下弹簧3;拧下2颗螺钉4,取下连接支架5;拧下螺钉6,取下定影灯右支架7后取出2支定影灯8(棕色为550W,红色为650W,安装时切勿搞错)。

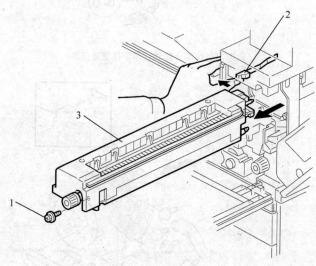

(a)取出定影器

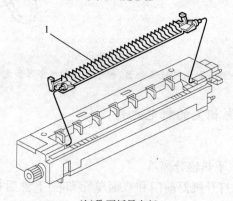

(b)取下纸导向板

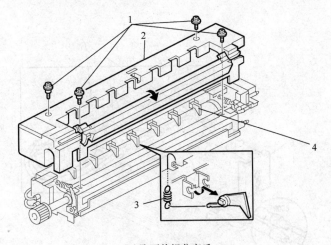

(c)取下热辊分离爪

图 3-30　取下热辊分离爪

3. 热辊与压力辊

参照图 3-32 取出热辊与压力辊。

其中:图(a),先取下两端压力弹簧 1 和压力臂 2;拧下 4 颗螺钉 3,取下分离爪支架 4;图(b),取下热辊两端 C 型卡 1,从热辊的一端取下驱动齿轮 2;从热辊的两端取下轴衬 3 后更换热辊 4;拧下螺钉 5,取下旋钮 6,从压力辊 8 两端取下轴衬 7,而后更换压力辊 8。

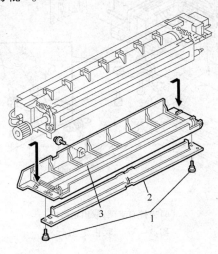

(a)去掉下盖

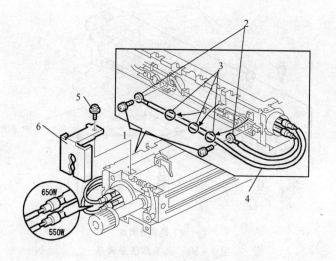

（b）去掉左支架

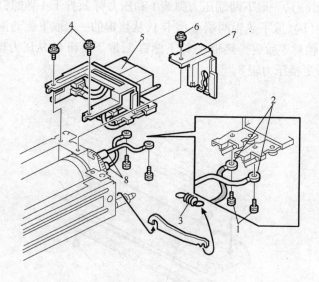

（c）去掉右支架，取出定影灯

图 3-31　取出定影灯

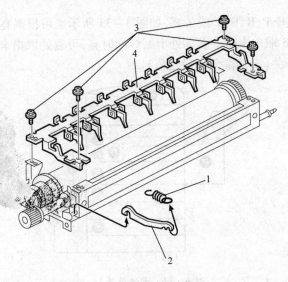

(a)取下分离爪支架

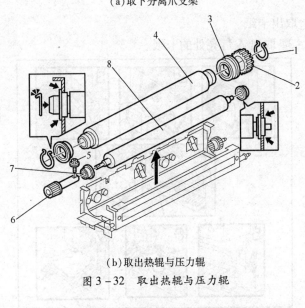

(b)取出热辊与压力辊

图 3-32　取出热辊与压力辊

3.3　纸　路　故　障

3.3.1　卡纸显示和排除卡纸

理光 af1035、af1045、af1035p、af1045p、基士得耶 3502、4502、3502p、4502p、萨文 2535、2545、2535p、2545p、雷利 5635 和 5645 等数码复印机卡纸时,卡纸位

置灯 A、B、C、D、E、P、R、U、Y 或 Z 亮,如图 3-33 所示。可根据亮灯位置参照图
3-34~图 3-43 取出卡纸。若多处卡纸灯同时亮,可逐处取出卡纸。取卡纸时
不必关闭操作开关(会清除复印设定值)。

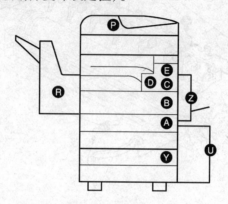

图 3-33　卡纸位置灯

1. A 灯亮,取出卡纸
参照图 3-34 取出 A 灯亮处的卡纸。

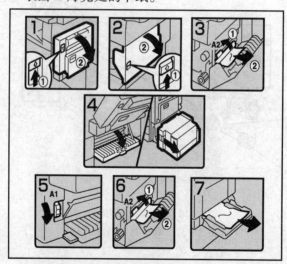

图 3-34　取出 A 灯亮处的卡纸

图中:1 为打开双面单元(①②为操作顺序,下同);2 为向上推把手,打开盖
板;3 为向左推 A2 把手,取出卡纸;4 为若不能取出卡纸,就打开盖板;若机器安
装了选件大容量纸箱,将其向右滑动;5 为向下转动 A1 旋钮;6 为向左推 A2 把
手,取出卡纸;7 为打开手送纸台,取出卡纸。

2. B 灯亮,取出卡纸

参照图 3 - 35 取出 B 灯亮处的卡纸。

图 3 - 35　取出 B 灯亮处的卡纸

　　图中:1 为打开双面单元;2 为向上推把手,打开盖板;3 为打开机器前门,逆时针方向旋转 B 旋钮取出卡纸;4 为逆时针方向旋转 C 旋钮取出卡纸。

3. C 灯亮,取出卡纸

参照图 3 - 36 取出 C 灯亮处的卡纸。

图 3 - 36　取出 C 灯亮处的卡纸

　　图中:1 为打开双面单元;2 为向上推把手,打开盖板;3 为打开机器前门,顺时针方向旋转 B 钮取出卡纸;4 为逆时针方向旋转 C 旋钮取出卡纸。

4. D 灯亮,取出卡纸

参照图 3 - 37 取出 D 灯亮处的卡纸。

图中:1 为向左打开右盖;2 为取出卡纸;3 为若不能取出卡纸,就打开底盖;4 为取出卡纸。

5. E 灯亮,取出卡纸

参照图 3 - 38 取出 E 灯亮处的卡纸。

图中:1 为打开盖板;2 为取出卡纸。

图 3-37   取出 D 灯亮处的卡纸

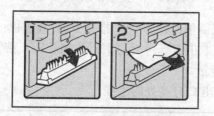

图 3-38   取出 E 灯亮处的卡纸

6. P 灯亮,取出卡稿

参照图 3-39 取出 P 灯亮处的卡稿。

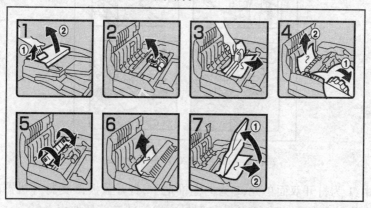

图 3-39   取出 P 灯亮处的卡稿

图中:1 为拉起把手,打开上盖;2 为拉起把手;3 为取出卡稿;4 为若不能取出卡稿,顺时针方向转动旋钮,取出卡稿;5 为打开盖板;6 为 取出卡稿;7 为若不能取出卡稿,拉起稿盘,取出卡稿。

7. R 灯亮,取出卡纸

参照图 3-40 取出 R 灯亮处的卡纸。

对于二纸盘最终加工器:1 为打开上盖取出卡纸;2 为若不能取出卡纸,打开侧盖取出卡纸;3 为打开前门;4 为拉起 R1 把手取出卡纸;5 为拉下 R2 把手取出卡纸;6 为若不能取出卡纸,拉下 R3 把手取出卡纸;7 为拉下 R4 把手取出卡纸;8 为拉下 R5 把手取出卡纸。

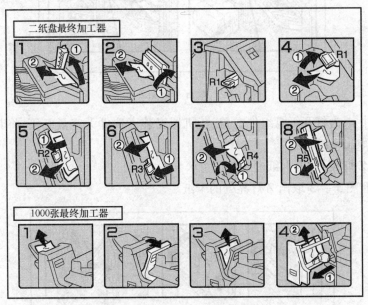

图 3 −40 取出 R 灯亮处的卡纸

对于 1000 张最终加工器:1 为直接取出卡纸;2 为若不能取出卡纸,打开顶盖;3 为取出卡纸;4 为若不能取出卡纸,拉出前门盖取出卡纸。

8. U 灯亮,取出卡纸

参照图 3 −41 取出 U 灯亮处的卡纸。

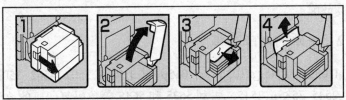

图 3 −41 取出 U 灯亮处的卡纸

图中:1 为向右滑动大容量纸箱;2 为打开大容量纸箱顶盖,3 为取出卡纸;4 为若不能取出卡纸,可尝试从大容量纸箱左边取出卡纸。

9. Y 灯亮,取出卡纸

参照图 3 −42 取出 Y 灯亮处的卡纸。

图 3-42　取出 Y 灯亮处的卡纸

图中:1 为打开纸盘组件右盖,若机器安装了选件大容量纸箱,将其向右滑动;2 为取出卡纸。

10. Z 灯亮,取出卡纸

参照图 3-43 取出 Z 灯亮处的卡纸。

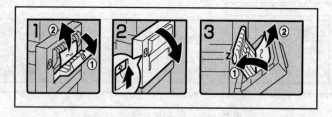

图 3-43　取出 Z 灯亮处的卡纸

图中:1 为打开双面单元侧盖,取出卡纸;2 为若不能取出卡纸,打开双面单元;3 为若找不到卡纸,打开盖板 Z 取出卡纸。

应当说明,本节内容仅对排除偶尔卡纸有效。若机器频繁卡纸,则需参考下节内容排除故障。

3.3.2　纸路的故障代码

理光 af1035、af1045、af1035p、af1045p、基士得耶 3502、4502、3502p、4502p、萨文 2535、2545、2535p、2545p、雷利 5635 和 5645 等数码复印机的故障代码(SC 代码)分 A、B、C、D4 级(D 级代码不显示,只更新 SC 历史);C 级代码在排除故障后可使机器的操作开关 OFF/ON 复位;B 级代码在排除故障后需使机器的操作开关和主开关(主电源开关)OFF/ON 复位;A 级代码在排除故障后需进入维修模式,使主开关 OFF/ON 复位。表 3-1 列出以上型号机器的纸路故障代码(为方便使用计,已将 A、B、C 标注在数字代码后)。

表 3 – 1 纸路故障代码

故障代码	说明	故障成因或可能故障点
402C	转印辊开路。无转印辊电流的反馈信号	高压电源板故障;转印连接器线缆、转印连接器或 PCU 连接问题
403C	转印带位置传感器问题。转印带离合器动作,但转印带位置传感器未导通	主电机驱动、转印带位置传感器或线缆连接问题
405C	转印带错误。转印带未按规定时序与光导鼓脱离	主电机驱动、转印带位置传感器或线缆连接问题
440C	主电机锁死。主电机 ON 后 2s 检测到异常	驱动过载或主电机故障
501C	上提升故障。升纸电机 ON 10s 后纸高度传感器未 ON	升纸电机不良或断线、纸高度传感器故障或连接器松脱、纸盒与电机之间有异物
502C	下提升故障。升纸电机 ON 10s 后纸高度传感器未 ON	升纸电机不良或断线、纸高度传感器故障或连接器松脱、纸盒与电机之间有异物
503C	第 3 纸盒提升故障。第 3 纸盒提升电机 ON 13s 后纸高度传感器未 ON	升纸电机不良或断线、纸高度传感器故障或连接器松脱
504C	第 4 纸盒提升故障。第 4 纸盒提升电机 ON 13s 后纸高度传感器未 ON	升纸电机不良或断线、纸高度传感器故障或连接器松脱
507C	LCT 主电机锁死。主电机 ON 后 50ms 检测到异常	LCT 主电机接头接触不良、驱动过载或 LCT 主电机故障
510C	LCT 故障。LCT 提升电机 ON 18s 后提升传感器未 ON、下限传感器未 ON;LCT 提升电机 ON 时提升传感器已 ON;纸盘提升时无纸传感器 ON 后 5s 下限传感器未 ON	LCT 提升电机不良或断线、下限传感器不良或断线、搓纸电磁开关不良或断线、无纸传感器不良
548A	定影器安装错误。主 CPU 检测不到定影器	未装定影器或定影器连接不良
599C	单格纸盘电机锁死。电机 ON 后 300ms 电机锁定传感器检测到异常	单格纸盘电机不良或连接不良或过载
700B	ADF 搓稿故障。搓稿电机 ON 后未检测到原稿停止初始位置传感器信号	原稿停止初始位置传感器输出异常、搓稿电机不良或控制板故障
701B	ADF 搓稿或提升故障。搓稿电机 ON 后连续 3 次搓稿初始位置传感器未 ON	搓稿初始位置传感器不良、搓稿电机不良或控制板故障
722B	齐纸电机异常。齐纸初始位置传感器未按规定时序移动或返回	齐纸初始位置传感器不良或齐纸电机不良

135

故障代码	说　　明	故障成因或可能故障点
724B	钉锤电机异常。钉锤电机 ON 后 600ms 未完成装订	装订钉被卡、装订过载或钉锤电机不良
725B	堆叠输出电机异常。堆叠输出电机 ON 后堆叠输出带初始位置传感器未按规定时序 ON	堆叠输出带初始位置传感器不良、堆叠输出电机过载或不良
726B	移动盘 1 提升电机异常。移动盘提升电机 ON 后堆叠高度传感器未按规定时序 ON 或移动电机 ON 后纸盘移动异常	移动盘提升电机过载或不良
727B	装订旋转电机异常。装订旋转电机未按规定时序动作	装订旋转电机过载、连接器不良或电机不良
729B	打孔电机异常。打孔电机 ON 后打孔初始位置传感器未按规定时序 ON	打孔电机连接器过载或不良、打孔初始位置传感器不良
730B	装订电机异常。装订电机 ON 后装订初始位置传感器未 ON 或装订器未返回到初始位置	装订电机过载、连接器不良或电机不良、装订初始位置传感器不良
731B	排纸导板电机异常。排纸导板电机 ON 后排纸导板开关传感器未按规定时序 ON	排纸导板开关传感器或排纸导板电机不良
732C	上盘移动电机异常。上盘移动电机未按规定时序 OFF	上盘移动传感器不良、上盘移动电机过载或不良
733C	下盘提升电机异常。下盘提升电机 ON 后下堆叠高度传感器未按规定时序 ON	下盘下限传感器或下堆叠高度传感器不良、下盘移动电机过载或不良
734C	下盘移动电机异常。下盘移动电机未按规定时序 OFF	下盘移动传感器不良、下盘移动电机过载或不良

与传感器有关的故障,应先检查传感器的安装位置和接头,用气吹吹拂传感器的发光部和受光部;与电机有关的故障,应先检查是否过载。

3.4　纸路的检查代码

3.4.1　维修模式

1. 进入和退出维修模式

本章机器的维修模式分 SP 模式(维修)与 SSP 模式(特殊维修)两种。与纸路有关的检查内容使用 SP 模式。

复印机电源开关 ON。顺序按清除模式键、用数字键输入 1、0、7,再按清除/停止键(最后按住清除/停止键应保持 3s 以上),机器进入 SP 模式。按 Exit 两次,退出维修模式,返回复印窗口。

2. 维修模式屏

图 3-44 是机器的维修模式屏及说明。

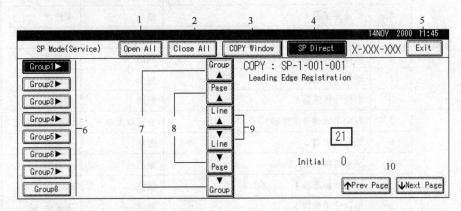

图 3-44 维修模式屏

图中:1 为打开所有维修代码;2 为关闭所有维修代码,恢复到初始 SP 模式;3 为复印模式窗口,可做测试复印;4 为输入维修代码,然后按"#"键;5 为按 Exit 2 次退出 SP 模式;6 为按组号打开维修代码清单;7 为滚动显示上/下组;8 为滚动显示上/下页;9 为滚动显示上/下行;10 为选择清单的上/下页。

3. 输入检查代码

在窗口左边选择组号(Group X);用窗口中滚动键 7~9(▲/▼)选择维修代码并按下(参照图 3-44,同时激活右边的输入框,显示默认值或当前值);按"·/*"键选择 + 或 -,用数字键输入代码;按"#"键设定输入值。

3.4.2 输入检查

即检查来自传感器和开关的信号集合。进入 SP 模式并选择 SP5-803,然后输入表 3-2 中的组号(1~7,9),在 SP 屏上将显示由 0 和 1 组成的八位方框,其中位的定义如图 3-45 所示,根据显示检查各项的状态。

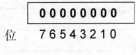

位 76543210

图 3-45 位的定义

表 3-2　输入检查表

组号	位	名　称	读 数 意 义	
			0	1
1 上纸盒	7	定影排纸传感器	激活	未激活
	6	纸量传感器2	激活	未激活
	5	纸量传感器1	激活	未激活
	3	纸尺寸传感器4	激活	未激活
	2	纸尺寸传感器3	激活	未激活
	1	纸尺寸传感器2	激活	未激活
	0	纸尺寸传感器1	激活	未激活
2 下纸盒	7	双面单元设置传感器	安装双面单元	未装双面单元
	6	纸量传感器2	激活	未激活
	5	纸量传感器1	激活	未激活
	3	纸尺寸传感器4	激活	未激活
	2	纸尺寸传感器3	激活	未激活
	1	纸尺寸传感器2	激活	未激活
	0	纸尺寸传感器1	激活	未激活
3 对位等	6	转印带单元初始位置传感器	不在初始位置	在初始位置
	3	主电机锁定信号	未锁定	锁定
	1	盖板开关	盖板关	盖板开
	0	对位传感器	检测到纸	未检测到纸
4 手送纸	7	双面反转纸路门	关	开
	6	无纸传感器	检测到纸	未检测到纸
	4	纸尺寸传感器4	激活	未激活
	3	纸尺寸传感器3	激活	未激活
	2	纸尺寸传感器2	激活	未激活
	1	纸尺寸传感器1	激活	未激活
	0	单元连接信号	有	无
5 桥接 单元	6	单元连接信号	有	无
	5	纸传感器	检测到纸	未检测到纸
	4	中继传感器	检测到纸	未检测到纸
	3	出纸传感器	检测到纸	未检测到纸
	2	左导开关	按下(关闭)	未按下

138

组号	位	名 称	读 数 意 义	
			0	1
5 桥接单元	1	出纸开关	按下（关闭）	未按下
	0	右导开关	按下（关闭）	未按下
6 相关检查	7	送纸电机锁定	否	是
	5	高度传感器	合适高度	非合适高度
	4	排纸传感器	检测到纸	未检测到纸
	3	定影器	检测到	未检测到
7 有无纸	7	前盖开关	前盖开	前盖关
	6	垂直纸路	清除	未清除
	5	纸盒2纸高度传感器	纸未在上限	纸在上限
	4	纸盒1纸高度传感器	纸未在上限	纸在上限
	3	下中继传感器	检测到纸	未检测到纸
	2	上中继传感器	检测到纸	未检测到纸
	1	纸盒1无纸传感器	未检测到纸	检测到纸
	0	纸盒2无纸传感器	未检测到纸	检测到纸
9 双面单元	6	右盖开关	右盖关	右盖开
	5	单格纸盘连接	检测到	未检测到
	3	出口传感器（卡纸）	检测到纸	未检测到纸
	2	入口传感器（卡纸）	检测到纸	未检测到纸
	1	无纸传感器	检测到纸	未检测到纸
	0	双面单元开关	关	开

3.4.3 输出检查

即接通某一电气元件以测试其工作状态。进入 SP 模式并选择 SP5 - 804，然后输入表 3 - 3 中的编号，参照图 3 - 46 按下 ON 或 OFF 测试所选项。为避免引起电气或机械元件损伤，电气元件不宜连续和反复测试，且 ON 的时间不宜过长。

表3-3 输出检查表

编号	名 称	编号	名 称
1	纸盒1供纸离合器	31	双面反转电机(反转)
2	纸盒2供纸离合器	32	供纸电机
3	纸盒3供纸离合器	35	中继离合器(纸盒单元)
4	纸盒4供纸离合器	36	中继离合器
5	手送纸离合器	38	中继离合器(LCT)
6	LCT供纸离合器	39	对位离合器
13	手送纸搓纸电磁开关	41	排纸活门电磁开关
14	LCT搓纸电磁开关	42	双面活门电磁开关
17	上输送电机	47	中继活门电磁开关
18	下输送电机	50	盘活门电磁开关
19	排纸电机	51	装订活门电磁开关
20	装订电机	52	定位辊电磁开关
21	打孔电机	92	移动盘提升电机
25	LCT主电机	93	齐纸电机
26	纸盘电机	94	装订电机
28	主电机	95	堆叠输出电机
29	双面输送电机	96	移动电机
30	双面反转电机(正转)	97	装订旋转电机

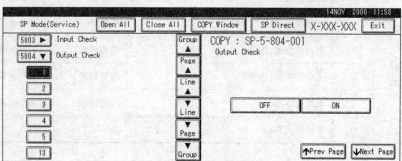

图3-46 操作所选内容

3.4.4 检查ARDF

1. 检查ARDF的输入

进入SP模式并选择SP6-007,然后输入表3-4中的组号(1或2),在SP

屏上将显示由 0 和 1 组成的八位方框,其中位的定义如图 3 - 45 所示,根据显示检查各项的状态。

表 3 - 4　ARDF 输入检查表

组号	位	名　称	读 数 意 义	
			0	1
1	7	原稿宽度传感器 4	未检测到稿	检测到稿
	6	原稿宽度传感器 3	未检测到稿	检测到稿
	5	原稿宽度传感器 2	未检测到稿	检测到稿
	4	原稿宽度传感器 1	未检测到稿	检测到稿
	3	歪斜校准传感器	未检测到稿	检测到稿
	2	原稿长度传感器 1	未检测到稿	检测到稿
	1	原稿长度传感器 2	未检测到稿	检测到稿
	0	原稿设置传感器	未检测到稿	检测到稿
2	7	原稿停止初始位置传感器	原稿停止块升	原稿停止块降
	6	搓稿初始位置传感器	未检测到稿	检测到稿
	5	顶盖传感器	顶盖关	顶盖开
	4	提升传感器	搓稿轮升	搓稿轮降
	3	反转传感器	未检测到稿	检测到稿
	2	出稿传感器	未检测到稿	检测到稿
	1	对位传感器	未检测到稿	检测到稿
	0	间隔传感器	未检测到稿	检测到稿

2. 检查 ARDF 的输出

进入 SP 模式并选择 SP6 - 008,然后输入表 3 - 5 中的编号,参照图 3 - 46 按下 ON 或 OFF 测试所选项。亦应注意电气元件不宜连续和反复测试,且 ON 的时间不宜过长。

表 3 - 5　ARDF 输出检查表

编号	名　称	编号	名　称
1	进稿电机(正转)	6	输送(歪斜校准轮)电磁离合器
2	进稿电机(反转)	7	反转电磁开关
3	输送电机(正转)	8	搓稿电机(正转)
4	反转电机(正转)	9	搓稿电机(反转)
5	反转电机(反转)		

附录 部分光电开关故障、微动开关故障及熔断器熔断的情况

主机中部分光电开关故障见表 F1 – 1。

表 F1 – 1 主机中部分光电开关故障表

光电开关名称	状态	症状
排纸传感器 S8	开路	只要复印就显示卡纸(卡纸灯亮)
	短路	没卡纸,卡纸灯也亮
对位传感器 S9	开路	只要复印就显示卡纸(卡纸灯亮)
	短路	没卡纸,卡纸灯也亮
上纸高度传感器 S11	开路	有纸也显示加纸,4 次后显示 SC501 – 02
	短路	显示 SC501 – 01
下纸高度传感器 S12	开路	有纸也显示加纸,4 次后显示 SC502 – 02
	短路	显示 SC502 – 01
上无纸传感器 S13	开路	有纸也显示无纸
	短路	无纸后不显示
下无纸传感器 S14	开路	有纸也显示无纸
	短路	无纸后不显示
上中继传感器 S15	开路	只要复印就显示卡纸(卡纸灯亮)
	短路	没卡纸也显示卡纸
下中继传感器 S16	开路	只要复印就显示卡纸(卡纸灯亮)
	短路	没卡纸也显示卡纸

主机中部分微动开关故障见表 F1 – 2。

表 F1 – 2 主机中部分微动开关故障表

微动开关名称	状态	症状
右下盖开关 SW1	开路	右下盖关闭,也显示门/盖打开(Doors/Covers Open)
	短路	打开下盖后 LCD 闪烁
主开关 SW3	开路	不能开机
	短路	不能关机(除非断电)
前盖安全开关 SW4	开路	前盖关闭,显示门/盖打开(Doors/Covers Open)
	短路	打开前盖,不显示门/盖打开(Doors/Covers Open)

此外,主机电源板上熔断器 FU1 熔断,开机后显示主机的门/盖打开;熔断器 FU2 熔断,开机后显示装订器的门/盖打开;熔断器 FU3 熔断,开机后显示无纸。

第4章 东芝(e205L、e255、e305、e305s、e355、e355s、e455、e455s)数码复印机

4.1 纸路结构

图4-1是东芝 e205、e255、e305、e305s、e355、e355s、e455 和 e455s 等数码复印机主机纸路系统剖视图,图4-2是供纸部分剖视图及驱动后视图(灰线为复印纸路径)。

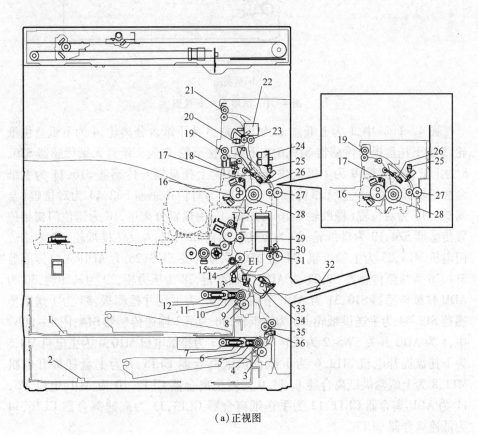

(a)正视图

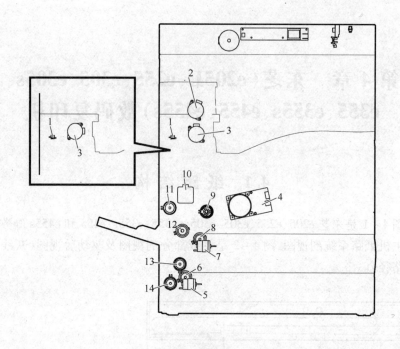

(b)后视图

图4-1　纸路系统剖视图

图4-1(a)中,1 为上纸盒,2 为下纸盒,3 为下纸盒分离轮,4 为下纸盒供纸轮,5 为下托盘提升传感器 S19,6 为下纸盒搓纸轮,7 为下纸盒无纸传感器 S20,8 为上纸盒分离轮,9 为上纸盒供纸轮,10 为上托盘提升传感器 S16,11 为上纸盒搓纸轮,12 为上纸盒无纸传感器 S17,13 为对位传感器 S22,14 为对位辊(金属辊),15 为对位辊(橡胶辊),16 为热辊,17 为热辊分离爪,18 为错位门初始位置传感器 S24,19 为排纸轮,20 为反转传感器 S23,21 为反转排纸轮,22 为错位门电机 M13,23 为上输纸辊,24 为 ADU 联锁开关 SW3,25 为 ADU 入口传感器 S11,26 为排纸传感器 S9,27 为 ADU 上输纸辊,28 为压力辊,29 为转印辊,30 为 ADU 排纸传感器 S10,31 为 ADU 下输纸辊,32 为纸尺寸检测板,33 为手送纸传感器 S12,34 为手送供纸轮,35 为输纸辊,36 为第 2 输送传感器 S14;图 4-1(b)中,1 为 ADU 开关 SW5,2 为反转电机 M14,3 为排纸电机 M10,4 为主电机 M8,5 为下托盘提升电机 M12,6 为下纸盒供纸离合器 CLT5,7 为上盘托提升电机 M11,8 为上纸盒供纸离合器 CLT4,9 为对位离合器 CLT2,10 为 ADU 电机 M5,11 为 ADU 离合器 CLT1,12 为手送纸离合器 CLT3,13 为高速离合器 CLT6,14 为低速离合器 CLT7。

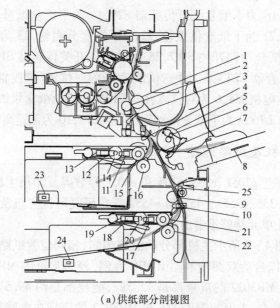

（a）供纸部分剖视图

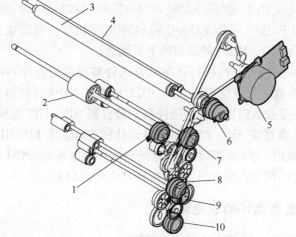

（b）供纸部分驱动后视图

图4－2　供纸部分剖视图及驱动后视图

图4－2(a)中,1为对位辊(橡胶辊),2为对位辊(金属辊),3为对位传感器S22,4为第1输送传感器S21,5为手送供纸轮,6为手送纸传感器S12,7为手送纸分离垫,8为纸宽检测板SFB,9为输纸辊,10为第2输送传感器S14,11为上托盘提升传感器S16,12为上纸盒无纸传感器S17,13为上纸盒纸量传感器S15,14为上纸盒搓纸轮,15为上纸盒供纸轮,16为上纸盒分离轮,17为下托盘

145

提升传感器 S19,18 为下纸盒无纸传感器 S20,19 为下纸盒纸量传感器 S18,20 为下纸盒搓纸轮,21 为下纸盒供纸轮,22 为下纸盒分离轮,23 为上纸盒检测开关 SW6,24 为下纸盒检测开关 SW7,25 为供纸盖开关传感器 S13;图 4-2(b) 中,1 为手送纸离合器 CLT3,2 为手送供纸轮,3 为对位辊(橡胶辊),4 为对位辊(金属辊),5 为主电机 M8,6 为对位离合器 CLT2,7 为上纸盒供纸离合器 CLT4,8 为高速离合器 CLT6,9 为下纸盒供纸离合器 CLT5,10 为低速离合器 CLT7。

4.1.1　主机及纸路选件

图 4-3 是东芝 e205L、e255、e305 和 e305s 等数码复印机主机及纸路选件,图 4-4 是东芝 e355、e355s、e455 和 e455s 等数码复印机主机及纸路选件。其中,装订盒和打孔单元是整理器的选件。

图 4-3 和图 4-4 所示主机部分的纸路相同,相同位置纸路选件存在通用或相似的情况。以自动双面输稿器 RADF 为例,较为常见的 MR-3018、MR-3020、MR3021 和 MR3022 的重量都是 12.5kg,能耗都是约 49.5W,外型差别不大。图 4-3 和图 4-4 中的 MR3021 和 MR3022 的区别在电路板和连接线缆。而且 MR3021 还见用于 e206L、e256、e306、e2040C、e2540C 和 e3040C 等机器,MR3022 还见用于 e356、e456、e3540C 和 e4540C 等机器。双纸盒工作台(3 纸盒和 4 纸盒工作台,KD-1025)的结构同上下纸盒。

选件(包括选件的选件,如打孔单元是选件整理器的选件)存在 OEM 的情况。如东芝的脊缝式装订整理器 MJ-1025 与本丛书中的《数码复印机电气元件检查指南》中夏普数码复印机的选件鞍式装订器 AR-FN7 相同。进一步,从东芝 MJ-1025 或夏普 AR-FN7 都能看到佳能 SADDLE FINISHER-G1 的影子。由于以上原因,为节省篇幅计,本章纸路选件将以东芝 e205L、e255、e305 和 e305s 等数码复印机为例做介绍,供纸部分着重介绍 LCF。

4.1.2　主要选件的机电元件

1. 自动双面输稿器(RADF)MR-3021

图 4-5 所示为自动双面输稿器 MR-3021 的机电元件。

图 4-5(a)中,1 为反转门,2 为排出/反转辊,3 为排纸门,4 为读后辊,5 为预读辊,6 为中间输送辊,7 为反转对位辊,8 为对位辊,9 为供纸轮,10 为分离轮,11 为搓稿轮,12 为反转盘,13 为排出盘,14 为原稿盘;图 4-5(b)中,1 为排出/反转电机 M3,2 为读取电机 M2,3 为冷却扇 M4,4 为供稿电机 M1,5 为搓稿电磁开关 SOL1,6 为反转门电磁开关 SOL2;图 4-5(c)中,1 为长度传感器 S4,2 为排出/反转传感器 S10,3 为中间输送传感器 S8,4 为读取传感器 S9,5 为卡稿

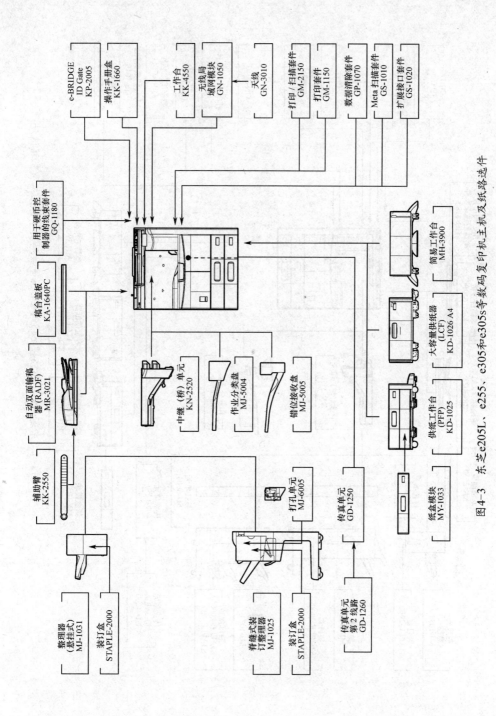

图4-3 东芝e205L、e255、e305和e305s等数码复印机主机及纸路选件

147

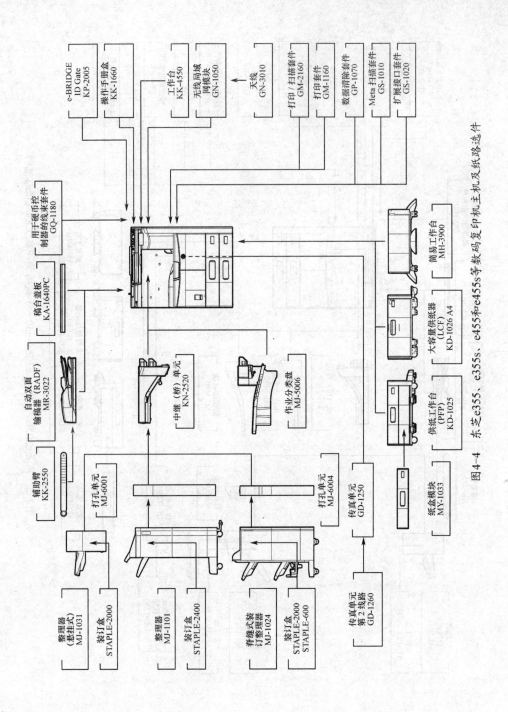

图 4-4 东芝 e355、e355s、e455 和 e455s 等数码复印机主机及纸路选件

e-BRIDGE ID Gate KP-2005

操作手册盒 KK-1660

工作台 KK-4550

无线局域网模块 GN-1050

天线 GN-3010

打印/扫描套件 GM-2160

打印套件 GM-1160

数据清除套件 GP-1070

Meta 扫描套件 GS-1010

扩展接口套件 GS-1020

用于硬币控制器的线束套件 GQ-1180

稿台盖板 KA-1640PC

自动双面输稿器 (RADF) MR-3022

辅助臂 KK-2550

中继 (桥) 单元 KN-2520

作业分类盘 MJ-5006

打孔单元 MJ-6001

打孔单元 MJ-6004

传真单元 GD-1250

简易工作台 MH-3900

大容量供纸器 (LCF) KD-1026 A4

供纸工作台 (PFP) KD-1025

纸盒模块 MY-1033

传真单元第 2 线路 GD-1260

整理器 (悬挂式) MJ-1031

装订盒 STAPLE-2000

整理器 MJ-1101

装订盒 STAPLE-2400

脊缝式装订整理器 MJ-1024

装订盒 STAPLE-2000 STAPLE-600

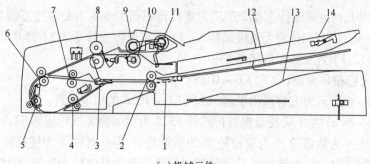

（a）机械元件

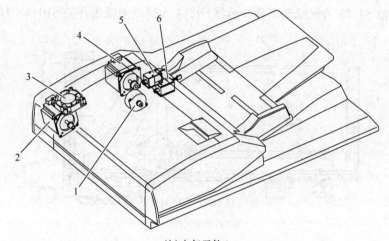

（b）电气元件1

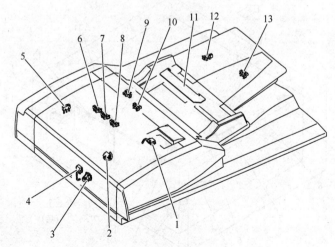

（c）电气元件2

图4-5 自动双面输稿器 MR-3021 的机电元件

盖开关 SW1,6 为宽度传感器 2S7,7 为宽度传感器 1S6,8 为对位传感器 S5,9 为卡稿盖传感器 S11,10 为无稿传感器 S3,11 为宽度传感器 0S2,12 为 RADF 开关传感器 S12,13 为原稿盘传感器 S1。

2. 大容量供纸器(LCF)KD – 1026

图 4–6 所示为大容量供纸器(LCF)KD – 1026 的机电元件。

图 4–6(a)中,1 为托盘提升传感器 S3,2 为供纸侧无纸传感器 S7,3 为输送传感器 S2,4 为侧盖轮,5 为输送轮,6 为供纸轮,7 为分离轮,8 为搓纸轮,9 为供纸离合器 CLT1,10 为托盘提升联轴器,11 为托盘提升电机 M2,12 为供纸侧底部传感器 S4,13 为供纸侧纸量传感器 S9,14 为供纸侧纸盘开关 S10,15 为升降

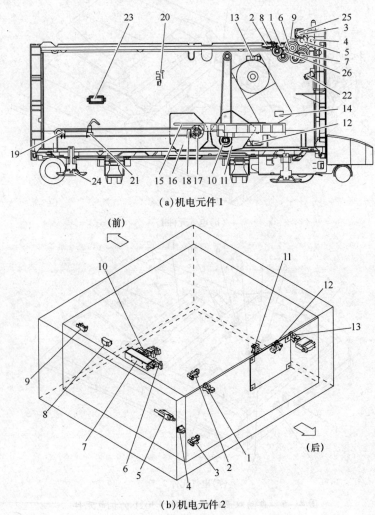

(a)机电元件 1

(前)

(后)

(b)机电元件 2

150

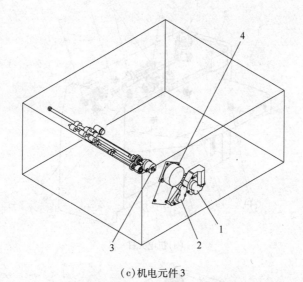

（c）机电元件3

图4-6　大容量供纸器（LCF）KD-1026的机电元件

盘,16为尾端栏板电机M3,17为尾端栏板联轴器,18为尾端栏板停止位置传感器S5,19为尾端栏板初始位置传感器S6,20为备用侧卡纸传感器S11,21为备用侧无纸传感器S8,22为卡纸盖开关传感器S1,23为接头,24为调节器,25为搓纸电磁开关SOL1,26为搓纸传感器S12;图4-6(b)中,1为尾端栏板停止位置传感器S5,2为供纸侧纸传感器S9,3为供纸侧底部传感器S4,4为供纸侧纸盘开关S10,5为卡纸盖开关传感器S1,6为托盘上升传感器S3,7为搓纸电磁开关SOL1,8为输送传感器S2,9为搓纸传感器S12,10为供纸侧无纸传感器S7,11为备用侧纸堆叠错误传感器S11,12为备用侧无纸传感器S8,13为尾端栏板初始位置传感器S6;图4-6(c)中,1为尾端栏板电机M3,2为托盘上升电机M2,3为供纸离合器CLT1,4为输送电机M1。

3. 悬挂式整理器MJ-1031

图4-7是悬挂式整理器MJ-1031的机电元件。

图4-7(a)中,1为堆叠盘,2为消电刷,3为装订器,4为搓纸轮,5为供纸轮,6为入口传感器SR2,7为搓纸初始位置传感器SR1,8为处理盘纸传感器SR7,9为堆叠滑动初始位置传感器SR8,10为纸传感器SR3,11为下限传感器SR5,12为盘传感器SR4,13为纸面传感器SR6,14为时钟传感器SR9;图4-7(b)中,1为堆叠盘升降电机M2,2为堆叠滑动电机M4,3为供纸电机M3,4为纸升降电磁开关SOL2,5为搓纸电机M5,6为连接开关SW1,7为装订电机M1,8为安全开关SW2,9为升降定位电磁开关SOL1。

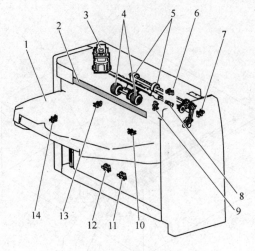

(a)机电元件

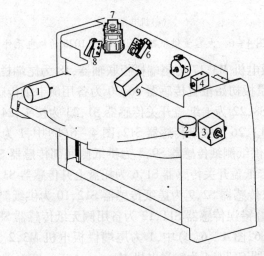

(b)电气元件

图4-7 悬挂式整理器 MJ-1031 的机电元件

4. 脊缝式装订整理器 MJ-1025

图4-8是脊缝式装订整理器 MJ-1025 的机械元件,图4-9是电气元件。

图4-8(a)中,1为输送盘,2为前校准板,3为桨叶轮,4为输送轮,5为处理盘止动销,6为进纸轮,7为打孔器(选件),8为输送带,9为堆叠输送辊,10为装订器,11为脊缝装订部分;图4-8(b)中,1为装订定位销,2为装订盘,3为堆叠进纸辊,4为装订输送辊,5为折纸辊,6为推纸板;图4-8(c)中,1为冲模,2为凸轮,3为打孔器,4为纸屑仓。

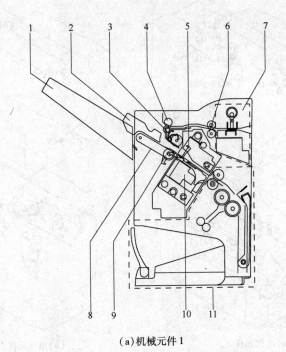

（a）机械元件 1

（b）机械元件 2　　　　　　　　　　　（c）机械元件 3

图 4−8　脊缝式装订整理器 MJ−1025 的机械元件

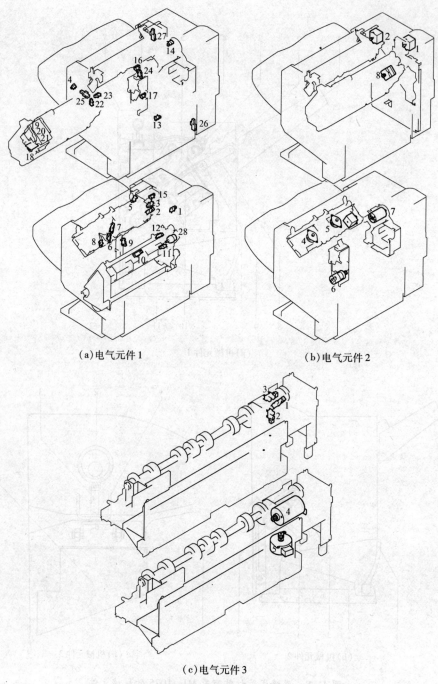

(a)电气元件1　　　　　　　　　　　　(b)电气元件2

(c)电气元件3

图4-9　脊缝式装订整理器 MJ-1025 的电气元件

154

图4-9(a)中,1为入口传感器PI1,2为桨叶轮初始位置传感器PI2,3为导板初始位置传感器PI3,4为前对位初始位置传感器PI4,5为后对位初始位置传感器PI5,6为处理盘纸传感器PI6,7为驱动带初始位置传感器PI7,8为纸传感器PI8,9为纸面传感器PI9,10为折叠位置传感器PI10,11为折叠初始位置传感器PI11,12为堆叠进纸上辊初始位置传感器PI12,13为装订盘传感器PI12,14为装订折叠电机时钟传感器PI14,15为提升上限传感器PI15,16为提升下限传感器PI16,17为提升电机时钟传感器PI17,18为滑动初始位置传感器PI18,19为装订初始位置传感器PI19,20为装订传感器PI20,21为装订高位传感器PI21,22为前门开传感器PI22,23为上盖开传感器PI23,24为纸满传感器PI24,25为前门开关MS1,26为联动开关MS2,27为装订安全开关MS3,28为装订离合器CL1;图4-9(b)中,1为进纸电机M1,2为桨叶轮电机M2,3为输送电机M3,4为前对位电机M4,5为后对位电机M5,6为移动电机M6,7为装订折叠电机M7,8为滑动电机M8;图4-9(c)中,1为打孔初始位置传感器PI1P,2为水平对位初始位置传感器PI2P,3为打孔电机时钟传感器PI3P,4为打孔电机M1,5为水平对位电机M2。

5. 桥接单元KN-2520

图4-10是桥接单元KN-2520的机电元件。

图4-10(a)中,1为输送轮,2为输送传感器2S2,3为输送轮,4为输送传感器1S1,5为门,6为纸满传感器S3;图4-10(b)中,1为输送传感器2S2,2为纸满传感器S3,3为输送传感器1S1,4为导板电磁开关SOL1,5为开关传感器S4。

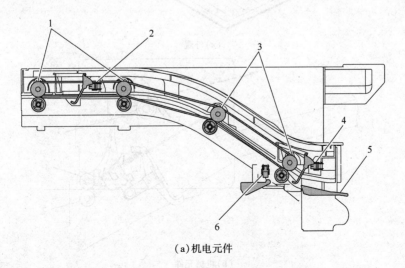

(a)机电元件

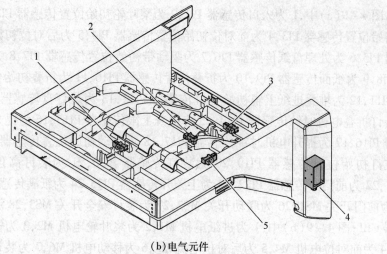

（b）电气元件

图 4 – 10　桥接单元 KN – 2520 的机电元件

6. 作业分类（上下分页）盘 MJ – 5004

图 4 – 11 是作业分类盘 MJ – 5004 的机电元件。

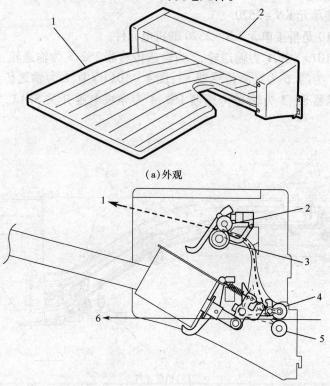

（a）外观

（b）机械元件

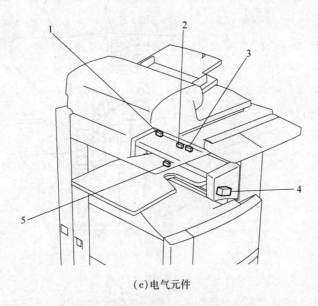

(c)电气元件

图 4 – 11　作业分类盘 MJ – 5004 的机电元件

　　图 4 – 11(a)中,1 为盘,2 为盖;图 4 – 11(b)中,1 为至上盘,2 为压紧轮,3 为上轮,4 为惰轮,5 为下轮,6 为至下盘;图 4 – 11(c)中,1 为盖开关 SW1,2 为上堆叠传感器 SEN2,3 为供纸传感器 SEN3,4 为门电磁开关 SOL1,5 为下堆叠传感器 SEN1。

　　7. 错位接收盘 MJ – 5005

　　图 4 – 12 是错位接收盘 MJ – 5005 的机电元件。

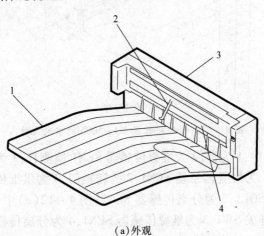

(a)外观

157

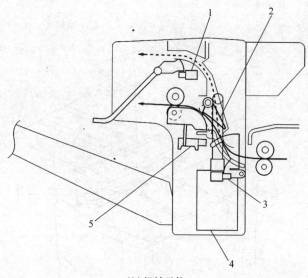

（b）机械元件

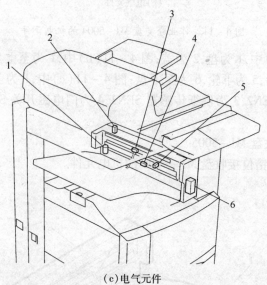

（c）电气元件

图 4 – 12　错位接收盘 MJ – 5005 的机电元件

图 4 – 12（a）中,1 为盘,2 为堆叠传感器 SEN1 检测杆,3 为盖,4 为分离辊;
图 4 – 12（b）中,1 为堆叠传感器 SEN1,2 为转换门,3 为供纸传感器 SEN3,4 为
转换门电磁开关 SOL1,5 为分离传感器 SEN2;图 4 – 12（c）中,1 为分离辊移动
电机 M1,2 为盖开关 SW1,3 为堆叠传感器 SEN1,4 为分离传感器 SEN2,5 为供
纸传感器 SEN3,6 为转换门电磁开关 SOL1。

4.2 拆装更换纸路元件

4.2.1 与纸盒供纸相关的机电元件

1. 取出纸盒和纸盒供纸单元

参照图4－13取出纸盒和纸盒供纸单元。

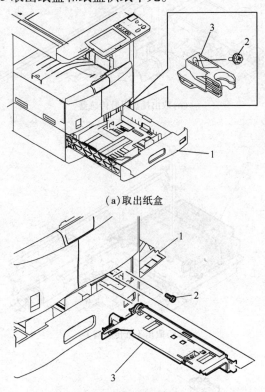

(a)取出纸盒

(b)取出纸盒供纸单元

图4－13 取出纸盒和纸盒供纸单元

其中:图(a),外拉纸盒1至停止位置,拧下螺钉2,取下限位块3,然后取出纸盒1;图(b),打开供纸盖1,拧下螺钉2,取出纸盒供纸单元3。

2. 取出托盘提升传感器、无纸传感器和纸堆叠传感器

参照图4－14取出托盘提升传感器(S16/S19)、无纸传感器(S17/S20)和纸堆叠传感器(S15/S18)。

其中:图(a),取出(上或下)托盘提升传感器1(先断开传感器接头,按压松开卡扣);图(b),拧下螺钉1,轻轻滑动导板2;图(c),取出(上或下)纸盒无纸传

159

感器1(先断开传感器接头,按压松开卡扣);图(d),抬起纸堆叠传感器臂1,取出(上或下)纸盒纸堆叠传感器2(先断开传感器接头,按压松开卡扣)。

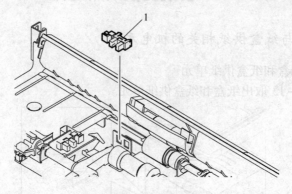

(a)取出托盘提升传感器

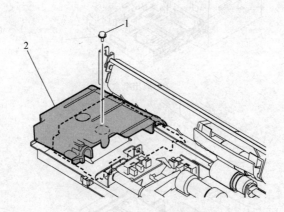

(b)取出无纸传感器1

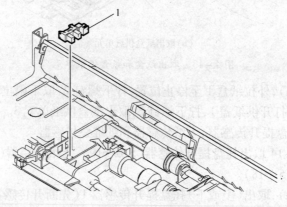

(c)取出无纸传感器2

160

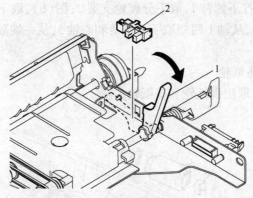

(d)取出纸堆叠传感器

图 4 – 14　取出托盘提升传感器、无纸传感器和纸堆叠传感器

3. 取出分离轮

参照图 4 – 15 取出分离轮。

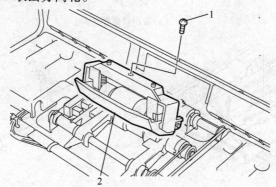

(a)取下分离轮支架

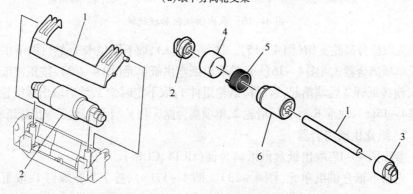

(b)取下分离轮组件　　　　　　　　(c)取出分离轮

图 4 – 15　取出分离轮

其中:图(a),拧下螺钉1,取下分离轮支架2;图(b),取下杆1,然后取下分离轮组件2;图(c),从轴1两端取下心轴2和心轴3,从一端取下盖4、离合器弹簧5和分离轮6。

4. 供纸轮和搓纸轮

参照图4-16取出供纸轮和搓纸轮。

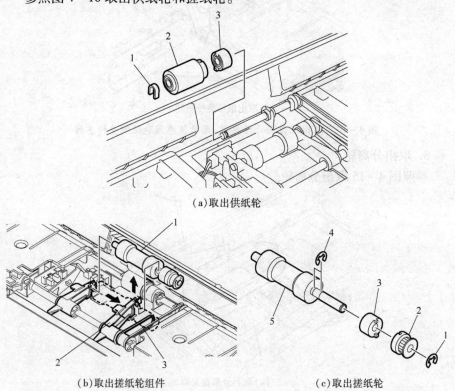

（a）取出供纸轮

（b）取出搓纸轮组件　　　　　　　　（c）取出搓纸轮

图4-16　取出供纸轮和搓纸轮

先取出分离轮支架(图4-15)。图4-16(a),取下限位卡1,然后取下供纸轮2(及单项离合器3);图4-16(b),先取出纸盒供纸单元(图4-13),按压搓纸轮组件1,使搓纸臂2后端抬起,后滑搓纸轮组件1;取下定时带3,然后取出搓纸轮组件1;图4-16(c),取下E型卡1、滑轮2、单项离合器3和E型卡4,然后取出搓纸轮5。

5. 纸盒供纸离合器

参照图4-17取出纸盒供纸离合器(CLT4、CLT5)。

先取下纸盒供纸单元(图4-13)。图4-17(a),拧下2颗螺钉1,取下离合器护板2;图4-17(b),取下衬套1,然后取出(上或下)纸盒供纸离合器2(注意先断开离合器接头。另安装离合器时,注意限位块3的位置)。

162

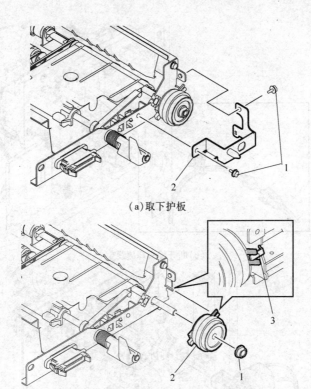

（a）取下护板

（b）取出离合器

图 4 - 17　取出纸盒供纸离合器

6. 上托盘提升电机

参照图 4 - 18 取出上托盘提升电机（M11）。

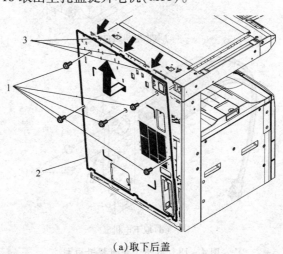

（a）取下后盖

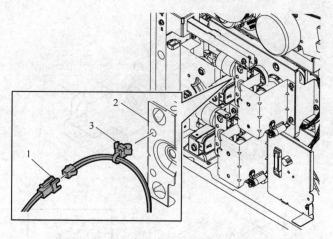

（b）断开接头释放线束

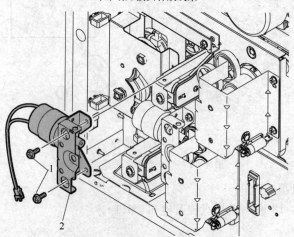

（c）取出电机组件

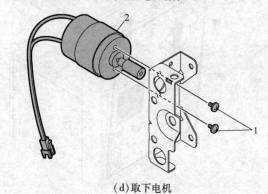

（d）取下电机

图 4-18　取出上托盘提升电机

164

其中:图(a),拧下 5 颗螺钉 1,稍抬起后盖 2,释放 3 处卡扣 3 后取下后盖 2;图(b),断开接头 1,从支架 2 上释放线卡 3;图(c),拧下 2 颗螺钉 1,取出上托盘提升电机组件 2;图(d),拧下 2 颗螺钉 1,取下上托盘提升电机 2。

7. 上纸盒检测开关

参照图 4-19 取出上纸盒检测开关(SW6)。

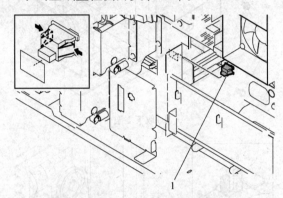

图 4-19　取出上纸盒检测开关

先拉出上纸盒和取下后盖(图 4-18)。然后按压取出上纸盒检测开关 1 (注意断开开关接头)。

8. 高速和低速离合器

参照图 4-20 取出高速离合器(CLT6)和低速离合器(CLT7)。

先取下后盖(图 4-18)。图 4-20(a),取下限位卡 1 和衬套 2;图(b),拧下 3 颗螺钉 1,取下支架 2;图(c),断开接头 1,取下低速离合器 2;图(d),取下衬套 1,齿轮 2,断开接头 3,取下高速离合器 4。

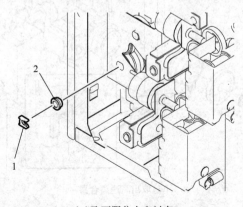

(a)取下限位卡和衬套

165

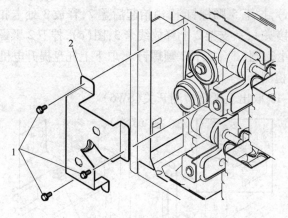

（b）取下支架

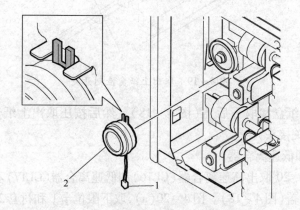

（c）取出低速离合器

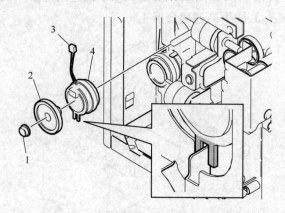

（d）取出高速离合器

图4-20　取出高速和低速离合器

166

9. 下纸盒检测开关

参照图 4-21 取出下纸盒检测开关(SW7)。

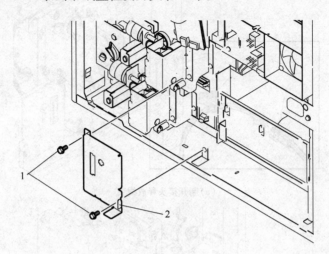

(a)取下支架

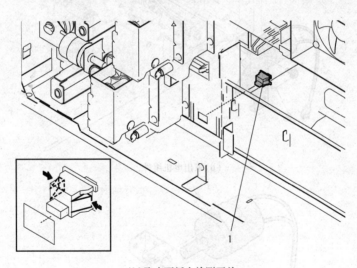

(b)取出下纸盒检测开关

图 4-21 取出下纸盒检测开关

先拉出下纸盒和取下后盖(图 4-18)。图 4-21(a),拧下 2 颗螺钉 1,取下支架 2;图 4-21(b),按压取出下纸盒检测开关 1(断开接头)。

10. 下托盘提升电机

参照图 4-22 取出下纸盒托盘提升电机(M12)。

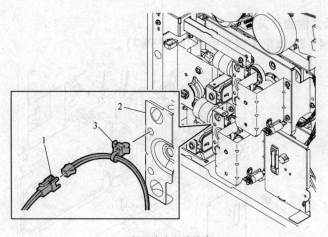

（a）断开接头释放线束

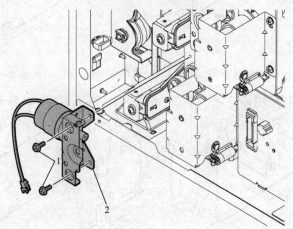

（b）取出电机组件

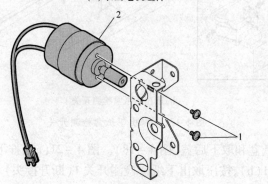

（c）取下电机

图 4-22　取出下托盘提升电机

先拉出上纸盒和取下后盖(图4-18)。图4-22(a),断开接头1,从支架2上释放线卡3;图(b),拧下2颗螺钉1,取出下托盘提升电机组件2;图(c),拧下2颗螺钉1,取下下托盘提升电机2。

4.2.2 与手送纸相关的机电元件

1. 手送纸盘

(1) 取下接口盖和右后盖。参照图4-23取下接口盖和右后盖。

打开ADU。其中:图(a),拧下螺钉1,松开2处卡扣2,取下接口板3;图(b),滑动取出右后盖1(先打开转印盖并松开右后盖3处卡扣,e205L、e255、e305和e305s等机器);图(c),滑动取出右后盖1(先打开转印盖并松开右后盖2处卡扣,e355、e355s、e455和e455s等机器)。

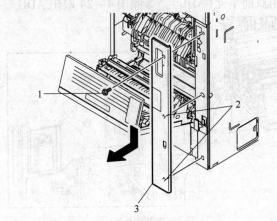

(a)取下接口盖

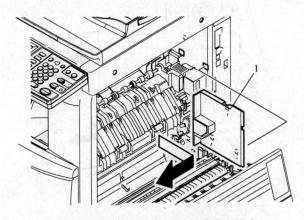

(b)取下右后盖1(e205L、e255、e305和e305s)

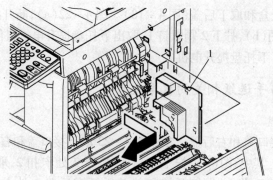

（c）取下右后盖 2（e355、e355s、e455 和 e455s）

图 4 - 23　取下接口盖和右后盖

（2）取出自动双面单元（ADU）。参照图 4 - 24 取出 ADU。

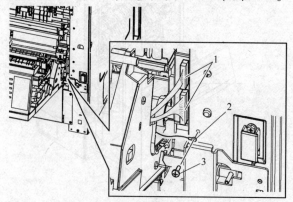

（a）断开接头等

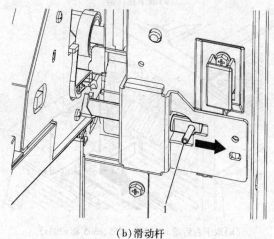

（b）滑动杆

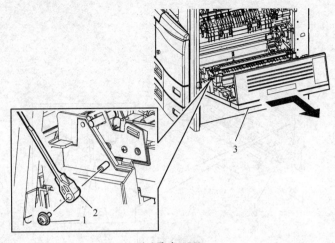

（c）取出 ADU

图 4 - 24　取出 ADU

其中:图(a),断开 2 处接头 1,拧下地线 2 的固定螺钉 3;图(b),依箭头所示方向滑动杆 1;图(c),拧下螺钉 1,取下固定带 2,然后取出 ADU3。

（3）取出转印单元。参照图 4-25 取出转印单元。

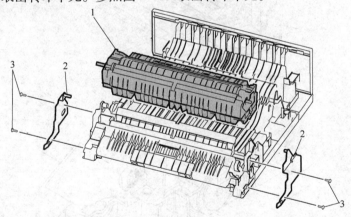

图 4 -25　取出转印单元

拧下转印单元 1 两端支架 2 的固定螺钉 3,取出转印单元 1(断开 1 处接头)。

（4）取出手送纸盘。参照图 4-26 取出手送纸盘。

其中:图(a),打开手送纸盘,将两端限位块 1 旋转 90°取下;图(b),拧下螺钉 1,取下杆 2 的连杆臂 3;图(c),拧下螺钉 1,取下线束盖 2;图(d),断开接头 1,取出手送纸盘 2。

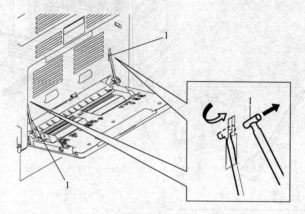

(a)取下限位块

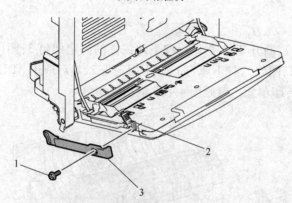

(b)取下连接杆

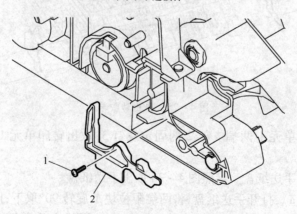

(c)取下线束盖

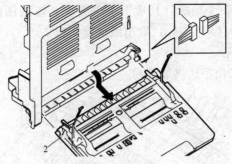

(d)取出手送纸盘

图 4-26　取出手送纸盘

2. 取出纸宽检测板

参照图 4-27 取出纸宽检测板。

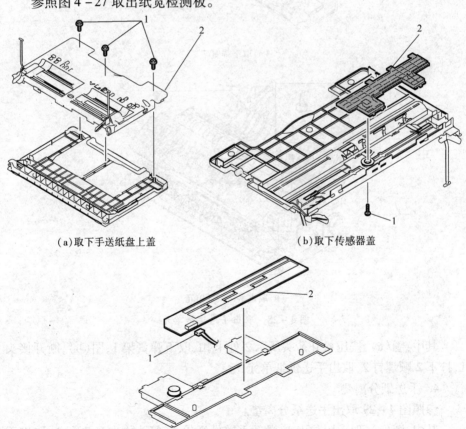

(a)取下手送纸盘上盖　　　　　　　(b)取下传感器盖

(c)取出纸宽检测板

图 4-27　取出纸宽检测板

其中:图(a),拧下3颗螺钉1,取下手送纸盘上盖2;图(b),拧下螺钉1,取下传感器盖2;图(c),断开接头1,取出纸宽检测板2。

3. 手送供纸单元

参照图4-28取出手送供纸单元。

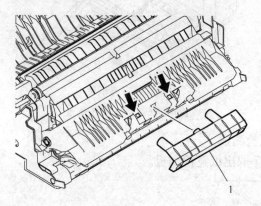

(a)取下弹簧架

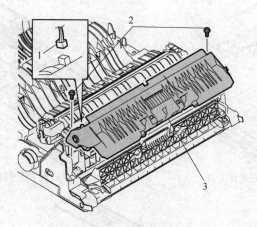

(b)取出手送供纸单元

图4-28　取出手送供纸单元

其中:图(a),按压松开箭头所示2处卡扣,取下弹簧架1;图(b),断开接头1,拧下2颗螺钉2,取出手送供纸单元3。

4. 手送纸分离垫

参照图4-29取出手送纸分离垫。

其中:图(a),取下限位卡1,滑动手送供纸轮2(箭头方向);图(b),取出手送纸分离垫1。

174

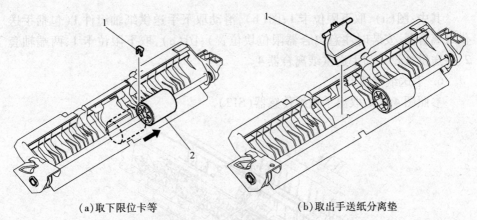

(a)取下限位卡等   (b)取出手送纸分离垫

图 4-29　取出手送纸分离垫

5. 手送供纸轮和手送供纸离合器

参照图 4-30 取出手送供纸轮和手送供纸离合器（CLT3）。

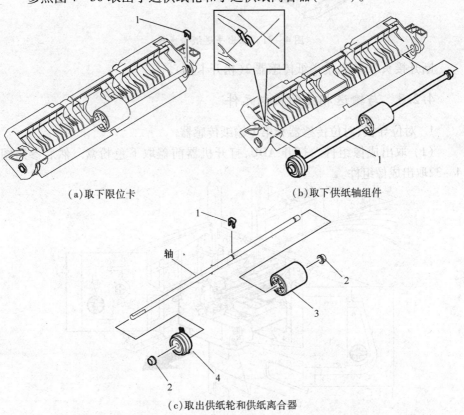

(a)取下限位卡   (b)取下供纸轴组件

轴

(c)取出供纸轮和供纸离合器

图 4-30　取出手送供纸轮和手送供纸离合器

175

其中:图(a),取下限位卡1;图(b),滑动取下手送供纸轴组件1(包括手送供纸离合器,安装时注意离合器限位块位置);图(c),取下限位卡1、两端轴套2、手送供纸轮3和手送供纸离合器4。

6. 手送纸传感器

参照图4-31取出手送纸传感器(S12)。

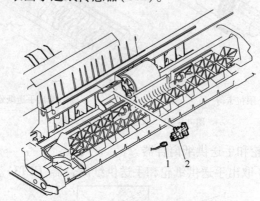

图4-31 取出手送纸传感器

断开接头1,取出手送纸传感器2(松开卡扣)。

4.2.3 与输送相关的机电元件

1. 对位导板、对位传感器和第1输纸传感器

(1)取出成像组件。打开ADU,打开机器前盖取下色粉盒。然后参照图4-32取出成像组件。

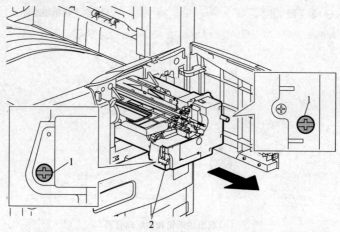

图4-32 取出成像组件

176

拧下 2 颗螺钉 1,拉出成像组件 2。

（2）对位导板、对位传感器和第 1 输送传感器。先参照图 4 - 24 取出 ADU,然后参照图 4 - 33 取出对位导板、对位传感器和第 1 输送传感器。

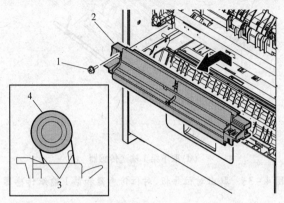

（a）松开对位导板

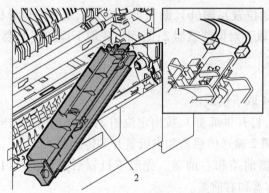

（b）取下对位导板

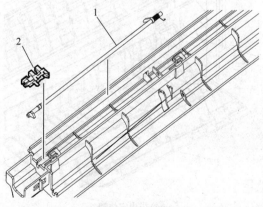

（c）取下对位传感器

177

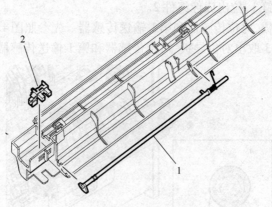

(d)取下第1输送传感器

图4-33 取出对位导板、对位传感器和第1输纸传感器

其中:图(a),拧下螺钉1,松开对位导板2(安装对位导板时,注意聚酯薄膜片3与对位辊4的位置);图(b),断开2个接头1,取下对位导板2;图(c),先取下检测杆1,然后取下对位传感器2;图(d),先取下检测杆1,然后取下第1输送传感器2。

2. 供纸盖

参照图4-34取下供纸盖。

其中:图(a),打开供纸盖1,拔出定位销2;图(b),滑动取出供纸盖1。

3. 输纸轮、第2输送传感器和供纸盖开关传感器

(1) 取下机器前盖和右前盖。先取下机器后盖(图4-18),然后参照图4-35取下机器前盖和右前盖。

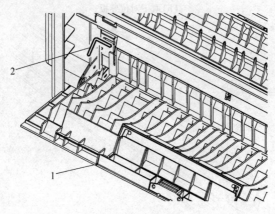

(a)拔出定位销

178

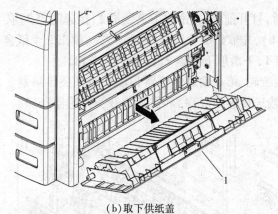

(b)取下供纸盖

图 4-34　取下供纸盖

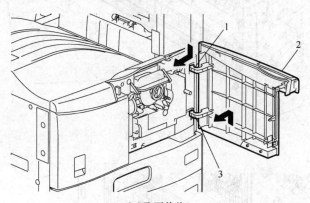

(a)取下前盖

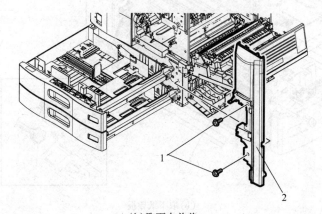

(b)取下右前盖

图 4-35　取下前盖和右前盖

其中:图(a),打开前盖,左滑取下上铰链1;抬起前盖2,取下下铰链3,然后取下前盖2;图(b),先取出成像组件(图4-32),拉出2个纸盒,打开供纸盖;然后拧下2颗螺钉1,下滑取下右盖2(松开4个卡扣)。

(2) 取下输纸轮、第2输送传感器和供纸盖开关传感器。参照图4-36取出输纸轮、第2输送传感器(S14)和供纸盖开关传感器(S13)。

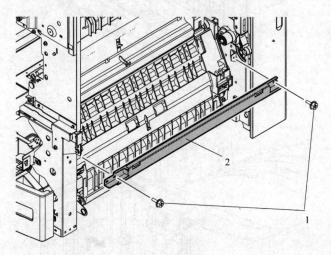

(a)取下支架

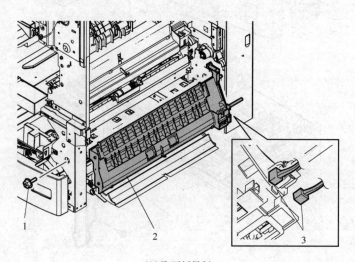

(b)取下纸导板

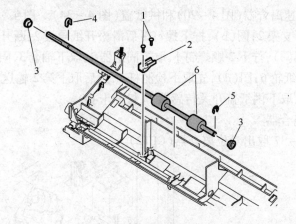

（c）取下输纸轮

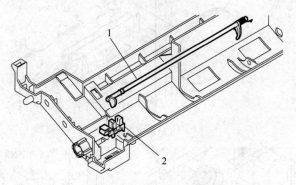

（d）取下第2输纸传感器

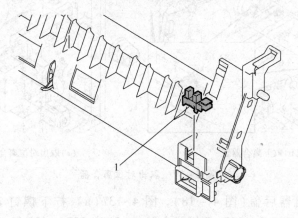

（e）取下供纸盖开关传感器

图4-36　取出输纸轮、第2输纸传感器和供纸盖开关传感器

先取下高速离合器(图4-20)和供纸盖(图4-34)。图4-36(a),拧下2颗螺钉1,取下支架2;图(b),拧下螺钉1后滑松开纸导板2,断开2个接头3,取下纸导板2;图(c),拧下2颗螺钉1,取下固定器2,取下轴套3,限位卡4、E型卡5,然后取下输纸轮6;图(d),先取下检测杆1,然后取下第2输送传感器2(松开卡扣);图(e),取下供纸盖开关传感器1(松开卡扣)。

4. 对位离合器

参照图4-37取出对位离合器(CLT2)。

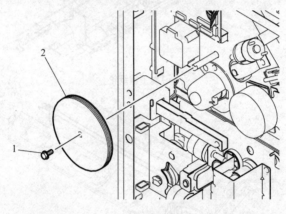

(a)取下飞轮

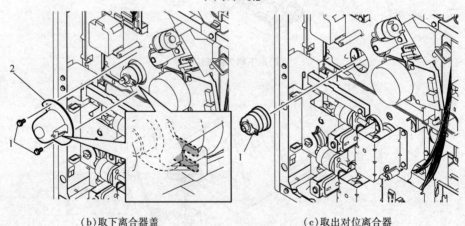

(b)取下离合器盖　　　　　　　(c)取出对位离合器

图4-37　取出对位离合器

先取下机器后盖(图4-18)。图4-37(a),拧下螺钉1,取下飞轮2(e205L、e255、e305和e305s等机器为2个,e355、e355s、e455和e455s等机器为4个);图(b),拧下2颗螺钉1,取下离合器盖2(安装时,注意离合器限位块的位置);图(c),取出对位离合器1(1个接头)。

5. 对位辊

参照图 4-38 取出对位辊。

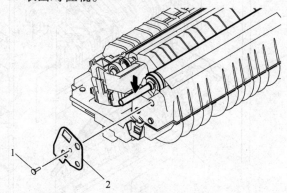

（a）取下支架

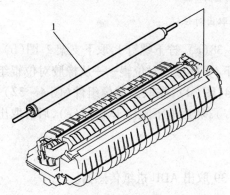

（b）取出橡胶对位辊组件

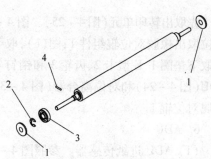

（c）取下/更换橡胶对位辊

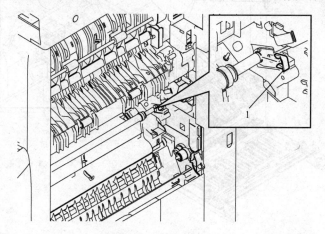

（d）取下限位卡

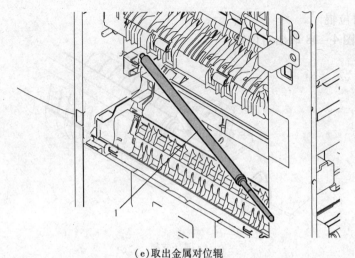

（e）取出金属对位辊

图4-38 取出对位辊

先取出转印单元（图4-25）。图4-38（a），拧下螺钉1，取下支架2；图（b），后拉取出橡胶对位辊组件1；图（c），取下/更换橡胶对位辊——从橡胶对位辊组件取下垫圈1、E型卡2、齿轮3和销钉4；图（d），先取出成像组件（图4-32）、ADU（图4-24）和对位离合器（图4-37），然后取下限位卡1；图（e），后滑取出金属对位辊1。

6. ADU

（1）ADU进纸传感器。参照图4-39取出ADU进纸传感器。

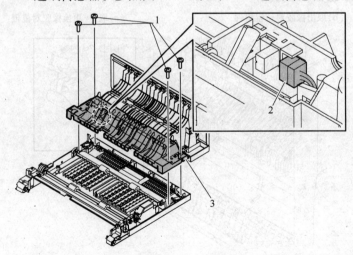

（a）取下ADU上导板

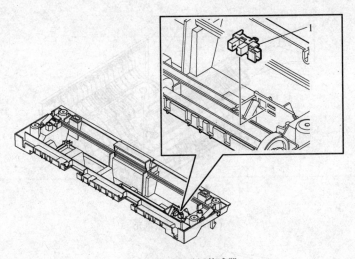

（b）取出 ADU 进纸传感器

图 4-39　取出 ADU 进纸传感器

先取出 ADU（图 4-24）。图 4-39（a），拧下 4 颗螺钉 1，断开接头 2，取下 ADU 上导板 3；图（b），取出 ADU 进纸传感器 1（松开卡扣）。

（2）ADU 出纸传感器。参照图 4-40 取出 ADU 出纸传感器。

其中：图（a），拧下转印单元 1 两端的螺钉 2，取下两端的支架 3，然后取下转印单元 1；图（b），断开接头 1，拧下 2 颗螺钉 2，取下手送纸单元 3；图（c），拧下 4 颗螺钉 1，断开接头 2，取下 ADU 下导板 3；图（d），断开接头 1，取出 ADU 出纸传感器 2（松开卡扣）。

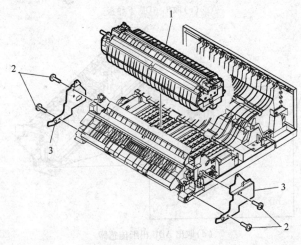

（a）取出转印单元

185

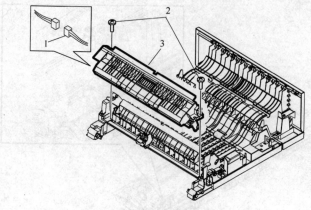

(b)取出手送纸单元

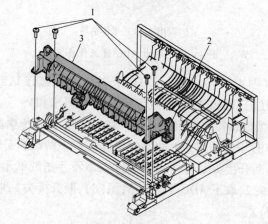

(c)取出 ADU 下导板

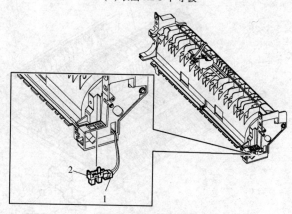

(d)取出 ADU 出纸传感器

图 4-40　取出 ADU 出纸传感器

186

（3）ADU 电机。参照图 4 –41 取下 ADU 电机（M5）。

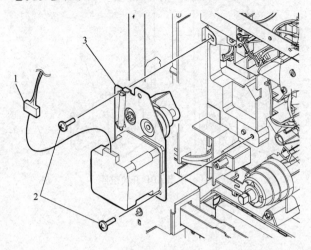

（a）取出 ADU 电机组件

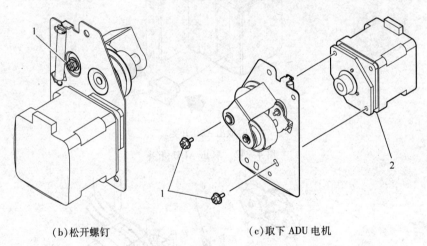

（b）松开螺钉　　　　　（c）取下 ADU 电机

图 4 –41　取出 ADU 电机

先取下机器后盖（图 4 –18）。图 4 –41（a），断开接头 1，拧下 2 颗螺钉 2，取出 ADU 组件 3；图（b），拧松螺钉 1（注意：安装 ADU 电机时，在拧紧此螺钉前需关闭 ADU）；图（c），拧下 2 颗螺钉 1，取下 ADU 电机 2。

（4）ADU 开关。参照图 4 –42 取出 ADU 开关（SW5）。

先取下机器右后盖（图 4 –23）。图 4 –42（a），断开接头 1，拧下螺钉 2，取出 ADU 开关组件 3；图（b），按压取出 ADU 开关 1。

（5）ADU 离合器。参照图 4 –43 取出/安装 ADU 离合器（CLT1）。

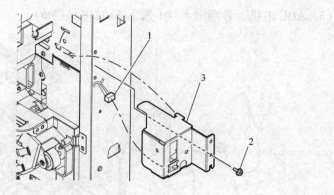

（a）取出 ADU 开关组件

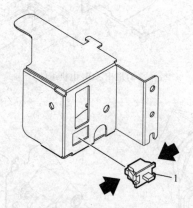

（b）取出 ADU 开关

图 4 - 42　取出 ADU 开关

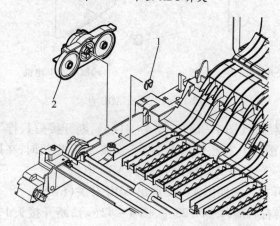

（a）取出齿轮组

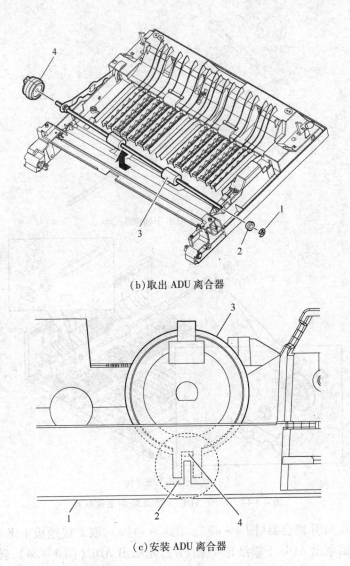

(b)取出 ADU 离合器

(c)安装 ADU 离合器

图 4-43   取出/安装 ADU 离合器

先取出转印单元、手送纸单元和 ADU 下导板(图 4-40)。图 4-43(a),取下 C 型卡 1 和齿轮组 2;图(b),先取下 E 型卡 1 和衬套 2,然后依箭头方向滑动抬起 ADU 下输纸辊 3,取下 ADU 离合器 4;图(c),将 ADU 盖 1 的导板 2 安装到 ADU 离合器 3 的限位块 4 中。

(6) ADU 下输纸轮和上输纸轮。参照图 4-44 取出 ADU 下输纸轮和上输纸轮。

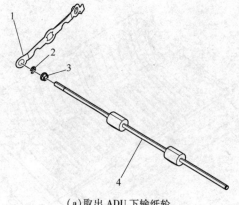

（a）取出 ADU 下输纸轮

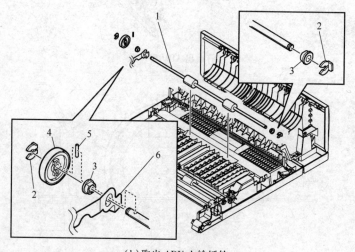

（b）取出 ADU 上输纸轮

图 4 - 44　取出 ADU 下输纸轮和上输纸轮

　　先取出 ADU 离合器（图 4 - 43）。图 4 - 44（a），取下接地板 1、E 型卡 2 和衬套 3，然后取出 ADU 下输纸轮 4；图（b），先取出 ADU（图 4 - 24）、转印单元、手送纸单元、ADU 下导板（图 4 - 40）、ADU 齿轮组（图 4 - 43）和 ADU 上导板（图 4 - 39），然后取下 ADU 上输纸轮 1 两端的 C 型卡 2 和衬套 3，从一端取下齿轮 4、销钉 5 和接地板 6 后，取出 ADU 上输纸轮 1。

　　7. 反转单元（仅 e355、e355s、e455 和 e455s）

　　（1）取出定影器。参照图 4 - 45 取出定影器。

　　打开机器右后下角小盖 1，拧下 2 颗螺钉 2，取下定影器 3（小心烫手！应待定影器自然冷却后进行）。

　　（2）取下/安装反转单元。参照图 4 - 46 取下和安装反转单元。

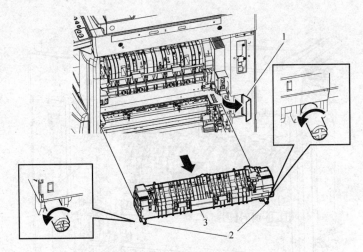

图 4-45　取出定影器

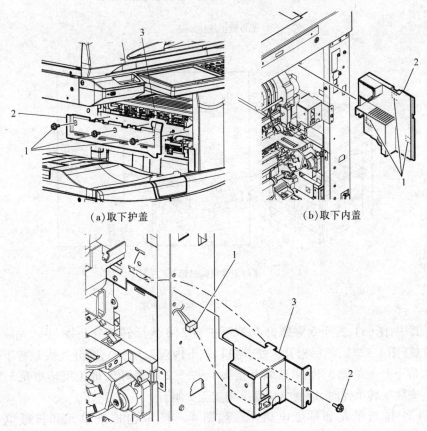

（a）取下护盖　　　　　　　　　　　　　　（b）取下内盖

（c）取下开关单元

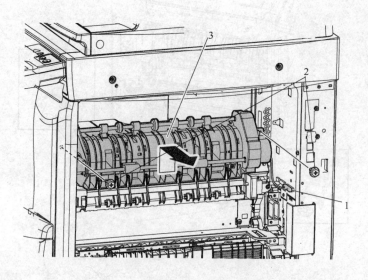

（d）取出反转单元

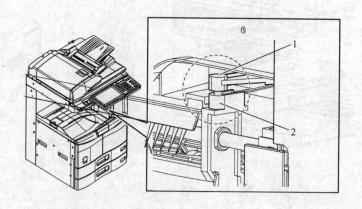

（e）安装反转单元

图4-46 取下和安装反转单元

其中:图(a),拧下3颗螺钉1,取下护盖2(3为反转部分);图(b),先取下接口盖(图4-23),然后松开3处卡扣1,取下内盖2;图(c),断开接头1,拧下螺钉2,取下开关单元3;图(d),断开接头1,拧下2颗螺钉2,取出反转单元3;图(e),安装反转单元时,应使电机臂1与支架2啮合。

(3) 排纸单元和排纸电机。参照图4-47取出排纸单元和排纸电机(M10)。

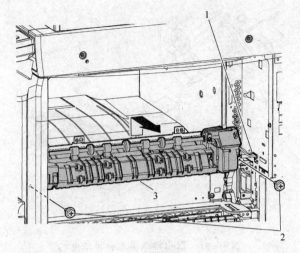

（a）取出排纸单元

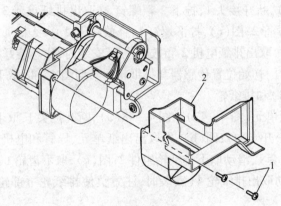

（b）取出导管

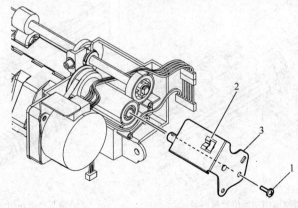

（c）取下电机盖

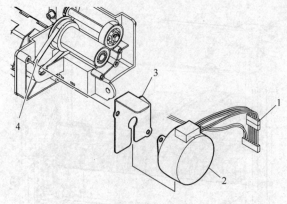

(d)取出排纸电机等

图 4 - 47　取出排纸单元和排纸电机

其中:图(a),断开接头 1,拧下 2 颗螺钉 2,取出排纸单元 3;图(b),拧下 2 颗螺钉 1,取下导管 2;图(c),拧下螺钉 1,释放线卡 2 中线束,取下电机盖 3;图(d),断开接头 1,取出排纸电机 2 和散热片 3(安装时,注意装好定时带 4)。

(4) 错位活门初始位置传感器和排纸轮。参照图 4 - 48 取下错位活门初始位置传感器(S24)和排纸轮。

先取出排纸单元(图 4 - 47)。图 4 - 48(a),断开接头 1,取下错位活门初始位置传感器 2(松开卡扣);图(b),先取出出纸单元、导管和电机盖(图 4 - 47),然后取下 2 个衬套 1,滑动取下排纸轮组件 2;图(c),取下齿轮 1、3 个衬套 2 和 2 个 E 型卡 3,滑动取出排纸轮 4(安装时,注意莫使排纸轮下部轮 5 和弹簧 6 脱落)。

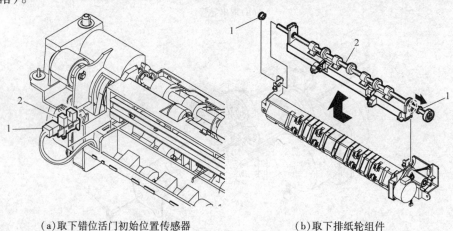

(a)取下错位活门初始位置传感器　　　　(b)取下排纸轮组件

194

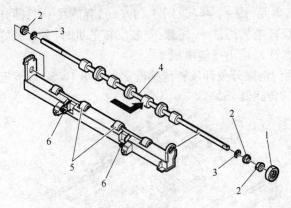

(c)取下排纸轮

图4-48 取下错位活门初始位置传感器和排纸轮

(5)反转电机。参照图4-49取下反转电机(M14)。

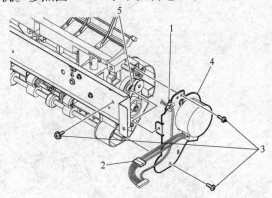

(a)取出反转电机组件

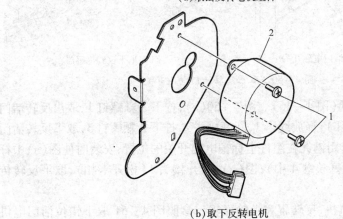

(b)取下反转电机

图4-49 取下反转电机

先取出反转单元(图 4-46)。图 4-49(a),释放线卡 1,断开接头 2,拧下 3颗螺钉 3,取出反转电机组件 4(注意:安装反转电机时,务必装好定时带 5);图(b),拧下 2 颗螺钉 1,取下反转电机 2。

(6) 反转活门电磁开关和反转传感器。参照图 4-50 取下反转活门电磁开关(SOL1)和反转传感器(S23)。

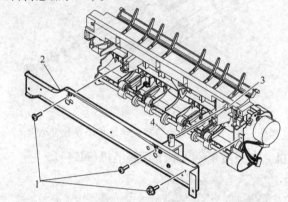

(a)取出反转活门电磁开关组件

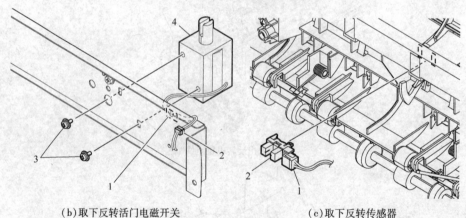

(b)取下反转活门电磁开关　　　　(c)取下反转传感器

图 4-50　取出反转活门电磁开关

先取出反转单元(图 4-46)。图 4-50(a),拧下 3 颗螺钉 1,取出反转活门电磁开关组件 2;图(b),释放线卡 1,断开接头 2,拧下 2 颗螺钉 3,取下反转活门电磁开关 4(注意:应用钢针在组件上标记电磁开关的位置,安装时使图(a)中杆3 插入电磁开关的活塞狭缝 4 中);图(c),断开接头 1(松开卡扣),取下反转传感器 2。

(7) 错位活门电机、反转辊和上输送辊。参照图 4-51 取下错位活门电机(M13)、反转辊和上输送辊。

196

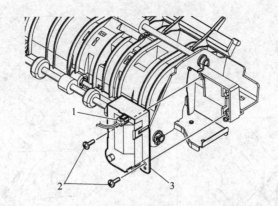

（a）取下错位活门电机

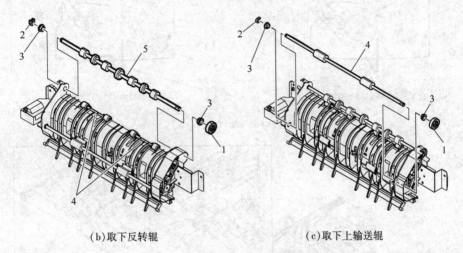

（b）取下反转辊　　　　　　　　（c）取下上输送辊

图4-51　取下错位活门电机、反转辊和上输送辊

先取出反转单元（图4-46）。图4-51（a），断开接头1，拧下2颗螺钉2，取下错位活门电机3；图（b），先取下反转电机（图4-49），然后取下齿轮1、限位卡2、衬套3、弹簧4和反转辊5；图（c），取下齿轮1、限位卡2、衬套3和上输送辊4。

4.2.4　与定影相关的机电元件

1. 定影器的区别

e205L、e255、e305、e305s 与 e355、e355s、e455、e455s 定影器的区别如图4-52所示。

图4-52（a）中，1为进纸导板，2为定影器，3为恒温器，4为热敏电阻，5为两侧加热灯，6为副加热灯（仅 e355、e355s、e455 和 e455s），7为中央加热灯，

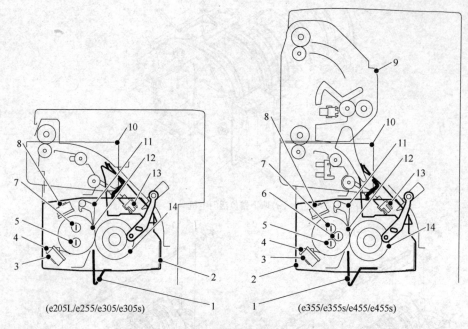

(e205L/e255/e305/e305s)　　　　　　　　　　　　(e355/e355s/e455/e455s)

（a）剖视图（区别）

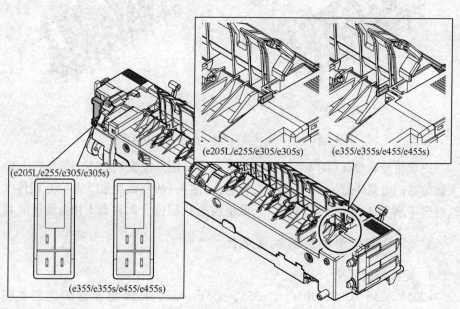

(e205L/e255/e305/e305s)　　　　　(e355/e355s/e455/e455s)

(e205L/e255/e305/e305s)

(e355/e355s/e455/e455s)

（b）外形（区别）

图 4－52　定影器的区别

8 为恒温器,9 为反转部分(仅 e355、e355s、e455 和 e455s),10 为排纸部分,11 为分离爪,12 为定影辊,13 为排纸传感器,14 为压力辊;图(b),e205L、e255、e305、e305s 与 e355、e355s、e455、e455s 接头不同,另 e205L、e255、e305、e305s 压力辊直径为 30mm,e355、e355s、e455、e455s 压力辊直径为 35mm。

2. 定影辊与压力辊

(1) 定影辊组件、压力辊组件与分离爪。参照图 4-53 取出定影辊组件、压力辊组件与分离爪。

先取出定影器(图 4-45)。图 4-53(a),拧下螺钉 1,取下定影器后盖 2,断开接头 3;图(b),拧下 2 颗螺钉 1,分开定影辊组件 2 与压力辊组件 3 (注意:安装时,压力释放杆 4 向下释放压力);图(c),取下 5 处弹簧 1 和分离爪 2。

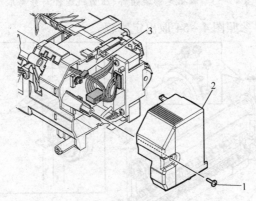

(a)取出定影器后盖等

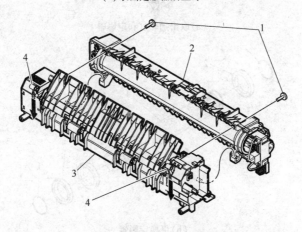

(b)分开定影辊与压力辊组件

199

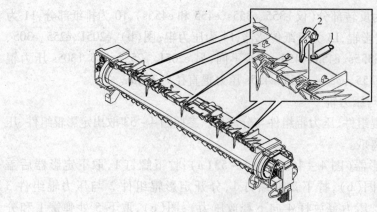

（c）取出分离爪

图4-53 取出定影辊组件、压力辊组件与分离爪

（2）定影辊。参照图4-54取出定影辊。

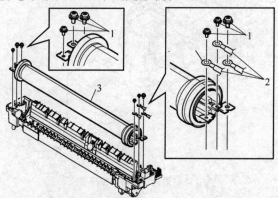

（a）取出加热灯和定影辊

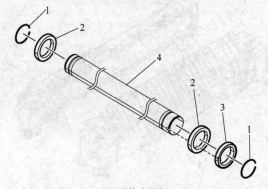

（b）更换定影辊

图4-54 取出定影辊

200

其中:图(a),拧下6颗(或4颗)螺钉1,取出3只(或2只)定影灯2和定影辊3;图(b),取下前侧C型卡圈1和轴承2,取下后侧C型卡圈1、齿轮3和轴承2,更换热辊4。

(3) 压力辊。参照图4-55取出压力辊。

先取出压力辊组件(图4-53)。图4-55(a),拧下3颗螺钉1,取下进纸导板2;图(b),取下压力辊组件前盖1;图(c),按压卡扣1,取下热熔器盖2(断开1个接头);图(d),取下前后2处弹簧1(2为挂勾);图(e),安装弹簧时,将弹簧1勾在挂勾2中间(箭头所示位置);图(f),拧下4颗螺钉1,取下两侧限位块2,取出压力辊3;图(g),取下两端E型卡1和轴承2,更换压力辊3。

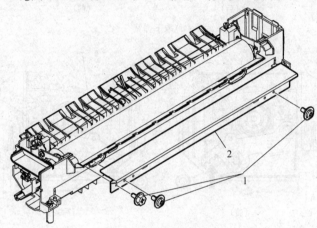

(a)取下进纸导板

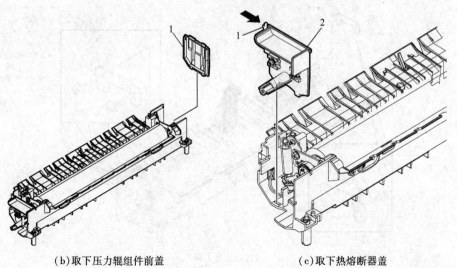

(b)取下压力辊组件前盖　　　　　　　(c)取下热熔断器盖

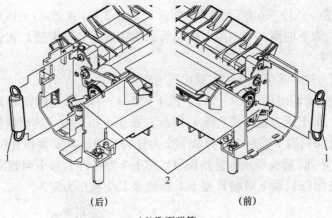

（后） （前）

（d）取下弹簧

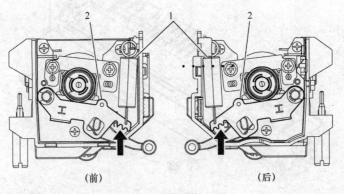

（前） （后）

（e）安装弹簧

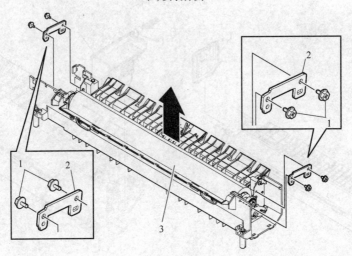

（f）取出压力辊

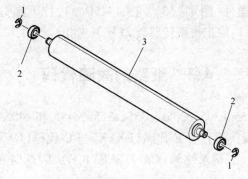

(g)更换压力辊

图 4 - 55　取出压力辊

（4）排纸传感器。参照图 4 - 56 取出排纸传感器。

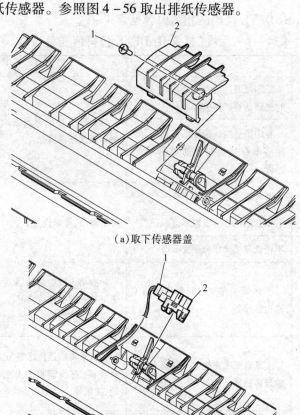

(a)取下传感器盖

(b)取出传感器

图 4 - 56　取出排纸传感器

先取出压力辊组件(图 4 - 53)。图 4 - 56(a),拧下螺钉 1,取下传感器盖 2;图(b),断开接头 1,取出排纸传感器 2(松开卡扣)。

4.3 纸路的故障代码

东芝 e205L、e255、e305、e305s、e355、e355s、e455 和 e455s 等数码复印机纸路的故障代码(错误代码),分 E 代码(EXXX)与 C 代码(CXXX),当"清除卡纸(CLEAR PAPER)"或"请求维修(CALL SERVICE)"闪烁时在屏幕右上方显示代码。

4.3.1 主机的 E 代码

主机(包括 RADF)E 代码的相关内容见表 4 - 1。

表 4 - 1 主机(包括 RADF)E 代码的相关内容

代码	类别	意 义	处 理
E010	排纸卡纸	复印纸通过定影器,但未在规定时刻到达排纸传感器	检查排纸传感器及连接情况;检查对位离合器及连接情况
E020		复印纸前端到达排纸传感器,但尾端未在规定时刻通过排纸传感器	
E061	其他卡纸	上纸盒纸尺寸与设置不符	将纸取出,重新设置
E062		下纸盒纸尺寸与设置不符	
E065		手送纸盘纸尺寸与设置不符	
E120	供纸错误	手送纸未在规定时刻到达第 1 输送传感器	检查第 1 输送传感器、手送纸离合器、手送纸传感器及连接情况;更换已磨损手送供纸轮与分离垫
E130		上纸盒纸未在规定时刻到达第 1 输送传感器	检查第 1 输送传感器、上纸盒供纸离合器及连接;更换磨损的上纸盒供纸轮、分离轮、搓纸轮
E140		下纸盒纸未在规定时刻到达第 1 输送传感器	检查第 2 输送传感器、下纸盒供纸离合器及连接;更换磨损的下纸盒供纸轮、分离轮、搓纸轮

204

代码	类别	意 义	处 理
E200		上纸盒纸通过第1输送传感器后未在规定时刻到达对位传感器	检查对位传感器、高速和低速离合器及连接；更换磨损的供纸轮、分离轮、搓纸轮
E210		下纸盒纸通过第1输送传感器后未在规定时刻到达对位传感器	
E220	输送卡纸	下纸盒纸通过下纸盒供纸传感器后未在规定时刻到达第1输送传感器	检查第1输送传感器、高速和低速离合器及连接；更换磨损的供纸轮、分离轮、搓纸轮
E270		手送纸通过第1输送传感器后未在规定时刻到达对位传感器	检查对位传感器、手送纸离合器及连接；更换磨损的橡胶对位辊
E410	开盖卡纸	复印时前盖打开卡纸	检查前盖开关及连接
E440		复印时供纸盖打开卡纸	检查供纸侧盖开关及连接
E570	输送卡纸	复印纸通过排纸传感器后未在规定时刻到达反转传感器	检查反转传感器、反转电机及连接；更换磨损的排纸轮
E580		复印纸前端到达反转传感器后尾端未在规定时刻通过该传感器	
E712		从原稿盘输送的原稿未在规定时刻到达对位传感器	检查对位传感器及连接；清洁或更换搓纸轮、供纸轮和分离轮
E714		供纸信号异常。原稿盘无稿仍接收到供纸信号	检查无稿传感器连接及检测杆的动作
E721		扫描正（反）面时，原稿通过对位（反转）传感器后未在规定时刻到达读取传感器	检查读取传感器及连接；清洁对位辊和读取辊，若磨损就更换
E722	RADF 卡纸	原稿通过读取传感器后未在规定时刻到达排出传感器	检查排出/反转传感器及连接；清洁或更换读取辊
E724		原稿前端到达对位传感器后，其尾端未在规定时刻通过该传感器	检查对位传感器及连接；清洁或更换对位辊
E725		原稿前端到达读取传感器后，其尾端未在规定时刻通过该传感器	检查读取传感器及连接；清洁或更换对位辊
E731		原稿前端到达排出传感器后，其尾端未在规定时刻通过该传感器	检查排出/反转传感器及连接；清洁或更换排出辊

代码	类别	意　义	处　理
E860	RADF 卡纸	RADF 操作过程中,卡稿盖打开	取出卡稿,关闭卡稿盖;检查卡稿盖传感器及连线
E870		RADF 在操作过程中打开	取出卡稿,关闭 RADF;检查 RADF 开关传感器及连线

4.3.2　主机的 C 代码

主机的 C 代码的相关内容见表 4-2。

表 4-2　主机的 C 代码的相关内容

代码	类别	意　义	处　理
C130	与供纸相关的维修请求	上托盘电机不转或托盘运转异常	检查托盘提升电机和提升传感器及连接
C140		下托盘电机不转或托盘运转异常	

4.3.3　选件的 E 代码

选件的 E 代码的相关内容见表 4-3。

表 4-3　选件的 E 代码的相关内容

代码	类别	意　义	处　理
E063	其他卡纸	3 纸盒纸尺寸与设置不符	将纸取出,重新设置
E064		4 纸盒纸尺寸与设置不符	
E110	供纸错误	双面复印时,通过 ADU 的纸未在规定时刻到达对位传感器	检查第 1 输送传感器和 ADU 离合器及连接;ADU 中的辊若磨损就更换
E150		3 纸盒输送的纸未在规定时刻到达 3 纸盒供纸传感器	检查 3 纸盒供纸传感器和供纸离合器及连接;更换磨损的 3 纸盒供纸轮、分离轮、搓纸轮
E160	供纸错误	4 纸盒输送的纸未在规定时刻到达 4 纸盒供纸传感器	检查 4 纸盒供纸传感器和供纸离合器及连接;更换磨损的 4 纸盒供纸轮、分离轮、搓纸轮
E190		LCF 输送的纸未在规定时刻到达 LCF 供纸传感器	检查 LCF 供纸传感器和供纸离合器及连接;更换磨损的 LCF 纸盒供纸轮、分离轮、搓纸轮

代码	类别	意义	处理
E280		双面复印时,通过 ADU 和第 1 输送传感器的纸未在规定时刻到达对位传感器	检查对位传感器、手送纸和 ADU 离合器及连接;更换磨损的橡胶对位辊
E300		3 纸盒输送的纸通过第 1 输送传感器后未在规定时刻到达对位传感器	检查对位传感器、高速和低速离合器及连接;更换磨损的供纸轮、分离轮、搓纸轮和输纸辊
E310		3 纸盒输送的纸通过第 2 输送传感器后未在规定时刻到达第 1 输送传感器	检查第 1 输送传感器、高速和低速离合器及连接;更换磨损的供纸轮、分离轮、搓纸轮和输纸辊
E320		3 纸盒输送的纸通过 3 纸盒供纸传感器后未在规定时刻到达第 2 输送传感器	检查第 2 输送传感器、高速和低速离合器及连接;更换磨损的供纸轮、分离轮、搓纸轮和输纸辊
E330		4 纸盒输送的纸通过第 1 输送传感器后未在规定时刻到达对位传感器	检查对位传感器、高速和低速离合器及连接;更换磨损的供纸轮、分离轮、搓纸轮和输纸辊
E340	输送卡纸	4 纸盒输送的纸通过 4 纸盒供纸传感器后未在规定时刻到达第 1 输送传感器	检查第 1 输送传感器、高速和低速离合器及连接;更换磨损的供纸轮、分离轮、搓纸轮和输纸辊
E350		4 纸盒输送的纸通过 3 纸盒供纸传感器后未在规定时刻到达第 2 输送传感器	检查第 2 输送传感器、高速和低速离合器及连接;更换磨损的供纸轮、分离轮、搓纸轮和输纸辊
E360		4 纸盒输送的纸通过 4 纸盒供纸传感器后未在规定时刻到达 3 纸盒供纸传感器	检查 3 纸盒供纸传感器、输纸离合器及连接;更换磨损的供纸轮、分离轮、搓纸轮和输纸辊
E3C0		LCF 输送的纸通过第 1 输送传感器后未在规定时刻到达对位传感器	检查对位传感器、高速和低速离合器及连接;更换磨损的供纸轮、分离轮、搓纸轮和输纸辊
E3D0		LCF 输送的纸通过第 2 输送传感器后未在规定时刻到达第 1 输送传感器	检查第 1 输送传感器、高速和低速离合器及连接;更换磨损的供纸轮、分离轮、搓纸轮和输纸辊
E3E0		LCF 输送的纸通过供纸传感器后未在规定时刻到达第 2 输送传感器	检查第 2 输送传感器、高速和低速离合器及连接;更换磨损的供纸轮、分离轮、搓纸轮和输纸辊

代码	类别	意　义	处　理
E420	开盖卡纸	复印时，3 纸盒或 4 纸盒侧盖打开卡纸	检查 3 纸盒或 4 纸盒侧盖开关及连接
E430		复印时，ADU 打开卡纸	检查 ADU 开关及连接
E450		复印时，LCF 卡纸盖打开卡纸	检查 LCF 卡纸盖开关及连接
E480		复印时，桥接单元打开卡纸	检查桥接单元开关传感器及连接
E490		复印时，作业分类盘打开卡纸	检查作业分类盘盖开关及连接
E491		复印时，错位接收盘盖打开卡纸	检查错位接收盘盖开关及连接
E510	ADU 输送卡纸	纸未在规定时刻到达 ADU 进纸传感器	检查 ADU 出纸传感器和 ADU 电机及连接；ADU 中的辊若磨损就更换
E520		纸通过 ADU 进纸传感器后，未在规定时刻到达 ADU 出纸传感器	检查 ADU 入纸传感器和 ADU 电机及连线；ADU 中的辊若磨损就更换
E910	桥接单元卡纸	纸通过排纸传感器后未在规定时刻到达桥接单元输送传感器 1	检查桥接单元输送传感器 1 和导板电磁开关及连接；检查输送轮是否随主电机转动
E920		纸前端到达桥接单元输送传感器 1 后，纸尾端未在规定时刻通过该传感器	
E930		纸前端到达桥接单元输送传感器 1 后，纸尾端未在规定时刻通过输送传感器 2	检查桥接单元输送传感器 2 及连接；检查输送轮是否随主电机转动
E940		纸前端到达桥接单元输送传感器 2 后，纸尾端未在规定时刻通过该传感器	
E950	作业分类盘卡纸	纸通过排纸传感器后，未在规定时刻到达作业分类盘供纸传感器	检查作业分类盘供纸传感器及连接
E951		纸尾端未在规定时刻通过作业分类盘供纸传感器	
E960	错位接收盘卡纸	纸通过出排纸传感器后，未在规定时刻到达错位接收盘供纸传感器	检查错位接收盘供纸传感器及连接
E961		纸尾端未在规定时刻通过错位接收盘供纸传感器	

208

代码	类别	意　义	处　理
E9F0		打孔器卡纸	检查打孔初始位置传感器及连接
EA20		纸未通过入口传感器（MJ－1025/1031）	检查入口传感器及连接（MJ－1025/1031）
EA23		输送停止卡纸	检查输送传感器及连接
EA24		输送停止卡纸	检查入纸传感器和输送传感器及连接
EA30	整理器卡纸（整理器部分）	机器通电时，入口传感器卡纸（MJ－1025）	检查入口传感器、折叠位置传感器及连接
EA31		输送通道卡纸	检查输送传感器及连接
EA40		复印时，上盖打开（MJ－1025）；接头断开（MJ－1031）	检查上盖开传感器（MJ－1025）、连接开关（MJ－1031）及连接
EA50		装订卡纸	检查滑动初始位置传感器（MJ－1025）及连接
EA70		处理盘纸叠不能输出到装订盘（MJ－1025）；纸叠滑动器未在初始位置（MJ－1031）	检查驱动带初始位置传感器和输送电机及连接（MJ－1025）；检查堆叠滑动初始位置传感器和滑动电机及连接（MJ－1031）
EAB0	整理器卡纸（脊缝装订部分）	纸通过入口传感器后未在规定时刻到达折叠位置检测传感器	检查折叠位置传感器及连接（MJ－1025）
EAC0		纸到达但未在在规定时刻通过入口传感器	检查折叠位置传感器及连接（MJ－1025）

4.3.4　选件的 C 代码

选件的 C 代码的相关内容见表 4－4。

表 4－4　选件的 C 代码的相关内容

代码	类别	意　义	处　理
C150	与供纸相关的维修请求	3 纸盒托盘电机不转或托盘运转异常	检查托盘提升电机和提升传感器及连接
C160		4 纸盒托盘电机不转或托盘运转异常	
C180		LCF 托盘电机不转或托盘运转异常	检查托盘上升电机和供纸侧底部传感器及连接
C1A0		LCF 尾端栏板不动或尾端栏板动作异常	检查尾端栏板电机、尾端栏板初始位置和停止位置传感器及连接
C1B0		LCF 输送电机运转异常	检查 LCF 输送电机及连接

209

代码	类别	意 义	处 理
CB10		输送电机或堆叠输送辊运转异常（MJ－1025）	检查堆叠进纸上辊初始位置传感器和进纸电机及连接
CB20		输送电机或输送辊运转异常（MJ－1025）	检查驱动带初始位置传感器和输送电机及连接
CB30		移动电机运转异常或输送盘移动异常（MJ－1025）	检查纸面传感器、提升上限传感器、提升电机时钟传感器和移动电机及连接
CB50		装订折叠电机运转异常或装订器移动异常（MJ－1025）	检查装订折叠电机、装订折叠电机时钟传感器和折叠初始位置传感器及连接
CB60	与整理相关的维修请求	装订单元移动异常（MJ－1025）	检查滑动初始位置传感器和滑动电机及连接
CC30		桨叶轮电机异常或导板移动异常（MJ－1025）；滑动电机异常（MJ－1031）	检查桨叶轮、导板初始位置传感器和桨叶轮电机及连接（MJ－1025）；检查堆叠滑动初始位置传感器和滑动电机及连接（MJ－1031）
CC90		堆叠盘升降电机不转或堆叠盘移动异常（MJ－1031）	检查堆叠盘升降电机、时钟传感器、下限传感器、安全开关及连接
CCB0		后对位电机不转或后校准板移动异常（MJ－1025）；滑动电机异常（MJ－1031）	检查后对位初始位置传感器和后对位电机及连接（MJ－1025）；检查堆叠滑动初始位置传感器和滑动电机及连接（MJ－1031）
CCF1		安全开关异常、堆叠盘移动异常（MJ－1031）	检查安全开关和滑动电机及连接
CDE0		桨叶轮电机异常（MJ－1025）	检查桨叶轮初始位置传感器、导板初始位置传感器和桨叶轮电机及连接

4.4　纸路的检查代码

4.4.1　维修模式

表 4－5 列出东芝 e205L、e255、e305、e305s、e355、e355s、e455 和 e455s 等数码复印机维修模式的名称、操作、意义及显示的说明（其中"＋"表示同时按下）。图 4－57 是各维修模式间的转换图。

表 4-5 部分数码复印机维修模式的名称、操作、含义及显示的说明

模式	进入	意义	退出	显示
控制板检查	[0]+[1]+[电源]ON	控制板所有灯亮,LCD闪烁	[电源]OFF/ON	
测试	[0]+[3]+[电源]ON	检查输入/输出信号状态	[电源]OFF/ON	100% C A4 TEST MODE
测试打印	[0]+[4]+[电源]ON	输出测试图案	[电源]OFF/ON	100% P A4 TEST RINT
调整	[0]+[5]+[电源]ON	调整选项	[电源]OFF/ON	100% A A4 TEST MODE
设置	[0]+[8]+[电源]ON	设置选项	[电源]OFF/ON	100% D TEST MOD
列表打印	[9]+[开始] +[电源]ON	打印05/08等模式数据	[电源]OFF/ON	100% L A4 LIST RINT
PM支持	[6]+[开始] +[电源]ON	清除各计数器	[电源]OFF/ON	100% K TEST MODE
EPU更换	[7]+[开始] +[电源]ON	更换EPU后初始检测	[电源]OFF/ON	
Firmware 更新	[8]/[4] +[9]+[电源]ON	系统Firmware更新	[电源]OFF/ON	

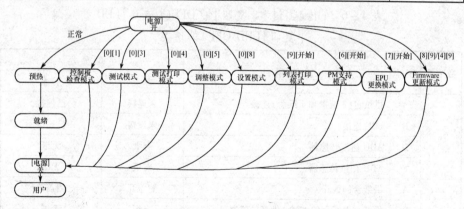

图 4-57 维修模式转换图

4.4.2 检查输入元件

检查输入元件的操作及液晶屏显示如图 4-58 所示。

211

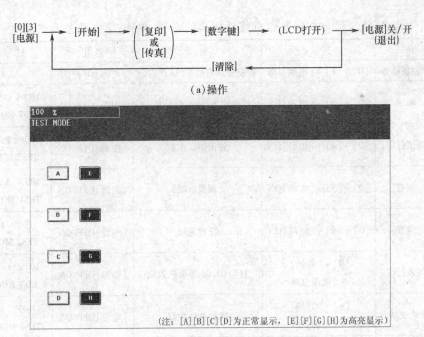

(a)操作

(注:[A][B][C][D]为正常显示,[E][F][G][H]为高亮显示)

(b)显示例

图4-58　检查输入元件的操作及液晶屏显示

具体检查内容见表4-6～表4-10,注意字母 A～H 正常显示与高亮显示的意义。

表4-6　[传真]键和[复印]键 OFF([传真]LED 和
[复印]LED OFF)的情况

数字键	字母	检查项目	字母显示	
			高亮	正常
[1]	A	供纸台(3纸盒和4纸盒)连接	未连接	已连接
	B	LCF 连接	未连接	已连接
	D	ADU 进纸传感器	有纸	无纸
	E	ADU 出纸传感器	有纸	无纸
[2]	A	供纸台侧盖开关	侧盖开	侧盖关
	B	供纸台上纸盒(3纸盒)供纸传感器	有纸	无纸
	C	供纸台上纸盒检测开关	无纸盒	有纸盒
	D	供纸台上纸盒托盘提升传感器	托盘在上限	托盘未在上限
	E	供纸台上纸盒纸量传感器	将空	有纸
	F	供纸台上纸盒无纸传感器	无纸	有纸

212

数字键	字母	检 查 项 目	字 母 显 示	
			高亮	正常
[3]	A	供纸台电机运行状态	异常	正常
	B	供纸台下纸盒(4纸盒)供纸传感器	有纸	无纸
	C	供纸台下纸盒检测开关	无纸盒	有纸盒
	D	供纸台下纸盒托盘提升传感器	托盘在上限	托盘未在上限
	E	供纸台下纸盒纸量传感器	将空	有纸
	F	供纸台下纸盒无纸传感器	无纸	有纸
[4]	A	LCF电机运行状态	异常	正常
	B	LCF侧盖开关	侧盖关	侧盖开
	C	LCF供纸传感器	无纸	有纸
	D	LCF备用侧无纸传感器	无纸	有纸
	E	LCF供纸侧无纸传感器	有纸	无纸
	F	LCF右盘检测开关	无盘	有盘
	G	LCF左盘检测开关	无盘	有盘
[5]	A	LCF托盘提升传感器	托盘在上限	托盘未在上限
	B	LCF供纸侧底部传感器	托盘在下限	托盘未在下限
	C	LCF尾端栏板停止位置传感器	在停止位置	未在停止位置
	D	LCF尾端栏板初始位置传感器	在初始位置	不在初始位置
[6]	A	第1输送传感器	有纸	无纸
	B	上托盘提升传感器	托盘在上限	托盘未在上限
	C	上纸盒无纸传感器	无纸	有纸
	D	上纸盒纸量传感器	将空	有纸
	E	上纸盒检测开关	有纸盒	无纸盒
[7]	A	第2输送传感器	有纸	无纸
	B	下托盘提升传感器	托盘在上限	托盘未在上限
	C	下纸盒无纸传感器	无纸	有纸
	D	下纸盒纸量传感器	将空	有纸
	E	下纸盒检测开关	有纸盒	无纸盒

数字键	字母	检查项目	字母显示	
			高亮	正常
[8]	A	手送纸传感器	无纸	有纸
	B	手送纸宽度传感器0	见表4-7	
	C	手送纸宽度传感器1		
	D	手送纸宽度传感器2		
	E	手送纸宽度传感器3		

表4-7 手送纸宽度传感器和纸宽的关系

纸宽	手送纸宽度传感器			
	0	1	2	3
A3/A4	1	1	1	0
B4/B5	1	1	0	0
A4-R/A5	1	1	0	1
B5-R/B6	1	0	0	1
A5-R/A6	1	0	1	1
A6-R(卡片尺寸)	0	1	1	1

表4-8 ［传真］键 ON、［复印］键 OFF(［传真］LED ON、
［复印］LED OFF)的情况

数字键	字母	检查项目	字母显示	
			高亮	正常
[2]	C	主电机运行状态	异常	正常
[3]	A	桥接单元/作业分类盘/错位接收盘连接检测1	见表4-9	
	B	桥接单元/作业分类盘/错位接收盘连接检测2		
	C	桥接单元/作业分类盘/错位接收盘连接检测3		
	D	桥接单元纸满检测	纸满	纸未满
		作业分类下盘纸满检测	纸满	纸未满
		错位接收盘纸满检测	纸满	纸未满
	E	桥接单元盖开关传感器	开盖	关闭
		作业分类盘盖开关	开盖	关闭
		错位接收盘盖开关	开盖	关闭
	F	桥接单元出纸口传感器(输送传感器2)	有纸	无纸

数字键	字母	检查项目		字母显示	
				高亮	正常
[3]	G	桥接单元中间输送传感器(纸满检测传感器)		有纸	无纸
		作业分类盘卡纸传感器(供纸传感器)		有纸	无纸
		错位接收盘定时传感器(供纸传感器)		有纸	无纸
	H	作业分类上盘纸满检测(上堆叠传感器)		纸满	未满
		错位接收盘初始位置检测(分离传感器)		初始位置	其他位置
[4]	A	作业分类盘连接		未连接	已连接
	B	桥接单元连接		未连接	已连接
	C	错位接收盘初始位置检测		初始位置	其他位置
[5]	F	RADF 连接		已连接	未连接
[7]	B	RADF 无稿传感器		有原稿	无原稿
	C	RADF 卡稿盖传感器		开盖	关闭
	D	RADF 开关传感器		开	关
	E	RADF 原稿排出/反转传感器		有原稿	无原稿
	F	RADF 中间输送传感器		有原稿	无原稿
	G	RADF 读取传感器		有原稿	无原稿
	H	RADF 对位传感器		有原稿	无原稿
[8]	A	RADF 原稿宽度传感器 0	见表 4-10	关	开
	B	RADF 原稿宽度传感器 1		关	开
	C	RADF 原稿宽度传感器 2		关	开
	E	RADF 原稿长度传感器		有原稿	无原稿
[9]	A	对位传感器		有纸	无纸
	B	排纸传感器		有纸	无纸
	C	反转传感器		有纸	无纸
	D	前盖开关		开盖	关闭

表 4-9　桥接单元/作业分类盘/错位接收盘连接状态

连接检查参照	无连接	桥接单元	作业分类盘	错位接收盘
连接检测 3	正常	正常	高亮	高亮
连接检测 1	正常	高亮	正常	高亮

表 4 - 10　RADF 原稿宽度传感器和稿宽的关系

RADF 原稿宽度传感器			稿宽
2	1	0	
H	H	H	A3/A4
H	H	L	B5 - R
H	L	H	A5 - R
L	H	H	A3/A4
L	L	H	A4 - R
L	L	L	B4/B5
H:高电平;L:低电平			

4.4.3　检查输出元件

检查输出元件的操作步骤分 3 种,如图 4 - 59 所示。使用操作步骤 1 检查的输出元件见表 4 - 11,使用操作步骤 2 和操作步骤 3 检查的输出元件见表 4 - 12。

表 4 - 11　使用操作步骤 1 检查的输出元件

代码	功　能	代码	功　能
101	主电机 ON(取出显影器运行)	151	代码 101 功能 OFF
108	对位离合器 ON	158	代码 108 功能 OFF
109	供纸台电机 ON	159	代码 109 功能 OFF
110	ADU 电机 ON(低速)	160	代码 110 功能 OFF
120	排纸电机 ON(正转)	170	代码 120 功能 OFF
121	排纸电机 ON(反转)	171	代码 121 功能 OFF
122	LCF 电机 ON	172	代码 122 功能 OFF
123 *	反转电机 ON(正转)	173	代码 123 功能 OFF
124 *	反转电机 ON(反转)	174	代码 124 功能 OFF
* :e355、e355s、e455 和 e455s 等机器			

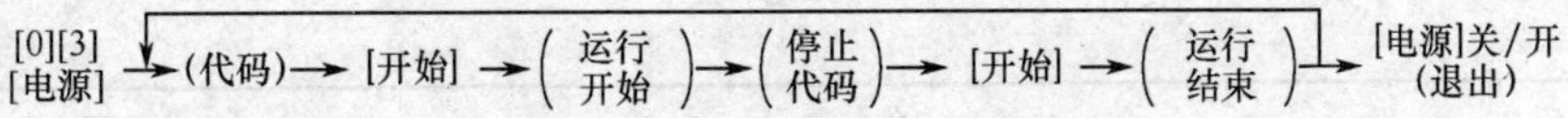

(a)操作步骤1

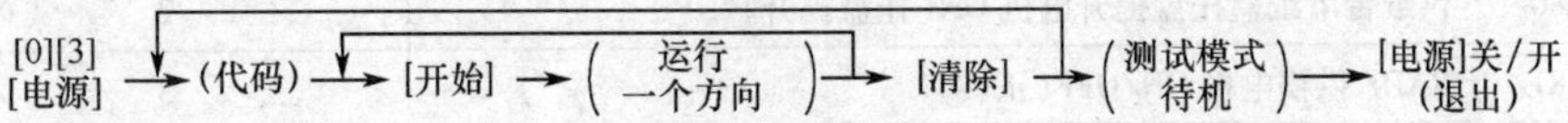

(b)操作步骤2

(c)操作步骤3

图4-59 检查输出元件的操作步骤

表4-12 使用操作步骤2和操作步骤3检查的输出元件

代码	功　能	操作步骤
177	错位盘电机 ON(错位盘往复运动)	2
201	上纸盒供纸离合器 ON/OFF	3
202	下纸盒供纸离合器 ON/OFF	3
203	高速离合器 ON/OFF	3
204	手送纸离合器 ON/OFF	3
205	低速离合器 ON/OFF	3
206	LCF 搓纸电磁开关 ON/ OFF	3
207	LCF 尾端栏板往复运动	2
209	LCF 供纸离合器 ON/OFF	3
222	ADU 离合器 ON/OFF	3
225	供纸台输送离合器 ON/OFF	3
226	供纸台上纸盒(3纸盒)供纸离合器 ON/OFF	3
228	供纸台下纸盒(4纸盒)供纸离合器 ON/OFF	3
232	桥接单元导板电磁开关 ON/OFF	3
233 *	反转电磁开关 ON/OFF	3
242	上托盘提升电机 ON(托盘提升)	2
243	下托盘提升电机 ON(托盘提升)	2
271	LCF 托盘提升电机 ON(托盘提升/下降)	2

217

代码	功　　能	操作步骤
278	供纸台上纸盒托盘提升电机 ON（托盘提升）	2
280	供纸台下纸盒托盘提升电机 ON（托盘提升）	2
281	RADF 供稿电机 ON/OFF（正转）	3
282	RADF 供稿电机 ON/OFF（反转）	3
283	RADF 读取电机 ON/OFF（正转）	3
284	RADF 排出/反转电机 ON/OFF（正转）	3
285	RADF 排出/反转电机 ON/OFF（反转）	3
297	RADF 冷却扇 ON/OFF	3
*：e355、e355s、e455 和 e455s 等机器		

第5章 柯尼卡美能达(bizhub223、283、7828、363、423)、震旦(AD289、369、429)数码复印机

5.1 纸路结构

图5-1是柯尼卡美能达(bizhub223、283、7828、363和423)、震旦(AD289、369和429)等数码复印机主机纸路的功能单元和主机与选件构成的纸路。

图5-1(a)中,1为可反转自动输稿器DF-621,2为出纸/反转部,3为定影器,4为双面器,5为对位部,6为手送进纸部,7为纸盒2进纸部,8为纸盒1进纸部;图5-1(b)中,1为主机,2为可反转自动输稿器DF-621,3为多位置装订排纸处理器FS-527,4为双路纸盒PC-208。

其中,可反转自动输稿器DF-621为柯尼卡美能达bizhub423(震旦AD429同)的标配,在北美和欧洲市场,也为柯尼卡美能达bizhub363的标配,但在亚洲市场为选件。

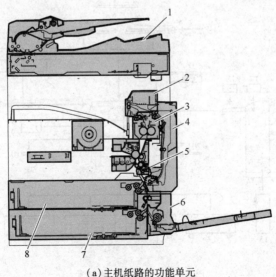

(a)主机纸路的功能单元

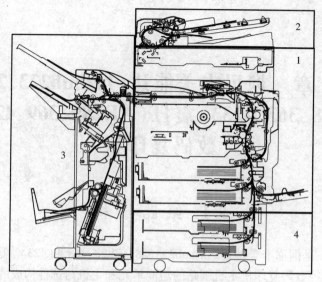

（b）主机与选件构成的纸路

图 5 - 1　主机纸路的功能单元和主机与选件构成的纸路

5.1.1　主机及纸路选件

图 5 - 2 是柯尼卡美能达（bizhub223、283、7828、363 和 423）、震旦（AD289、369 和 429）等数码复印机主机及选件的系统配置图。

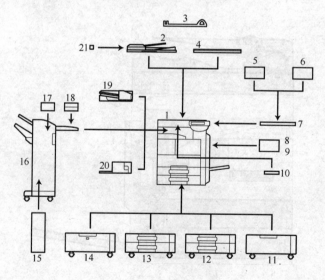

图 5 - 2　主机与选件配置

图 5-2 中,1 为主机,2 为可反转自动输稿器 DF-621,3 为辅助把手 AH-101,4 为原稿盖 OC-509,5 为认证单元(生物识别型)AU-102,6 为认证单元(IC 卡识别型)AU-201,7 为工作托盘 WT-506,8 为本地接口组件 EK-604,9 为本地接口组件 EK-605,10 为键盘固定器 KH-101,11 为工作台 DK-508,12 为单格纸盒 PC-109,13 为双格纸盒 PC-208,14 为大容量纸盒 PC-409,15 为鞍式装订器 SD-509,16 为多功能装订排纸处理器 FS-527,17 为打孔组件 PK-517,18 为作业分离器 JS-603,19 为多位置装订排纸处理器 FS-529,20 为作业分离器 JS-505,21 为印记单元 SP-501。

纸路选件包括 PC-109、PC-208、PC-409、FS-527、SD-509、JS-603、JS-505 和 FS-529。PK-517 是选件的选件。SP-501 可以是选件,也可以是选件的选件(因为 DF-621 在某些机器为标配,在某些机器为选件)。

5.1.2　主要选件的机电元件

在纸路选件中,PC-109 与主机的上或下纸盒、PC-208 与主机的上、下纸盒机电元件的设置相似,相关内容可参考主机。本节主要介绍 PC-409。

1. 可反转自动输稿器 DF-621

图 5-3 是可反转自动输稿器 DF-621 的电气元件与驱动机构。

图 5-3(a)中,1 为原稿到位传感器 PS1,2 为控制板 DFCB,3 为冷却扇 FM1,4 为排稿辊释放电磁开关 SD1,5 为进稿电机 M2,6 为进稿离合器 CL1,7 为对位离合器 CL2,8 为读取辊释放电机 M3,9 为读取辊释放位置传感器 PS12,10 为读取电机 M1,11 为上门传感器 PS14,12 为分离辊传感器 PS2,13 为对位传感

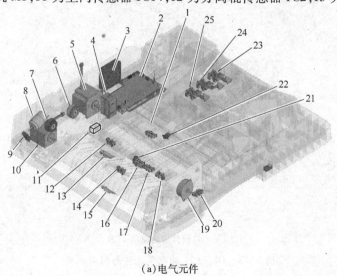

(a)电气元件

221

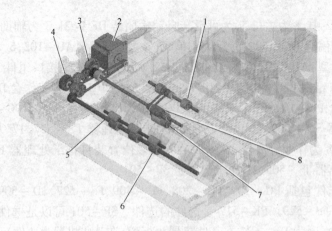

(b)供纸驱动

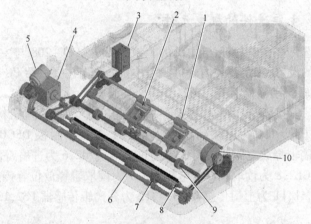

(c)输送/排纸驱动

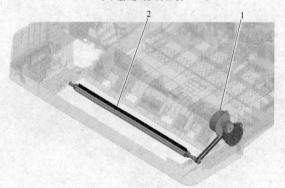

(d)稿台清洁驱动

图 5-3 DF-621 的电气元件与驱动机构

器 PS3,14 为排纸传感器 PS5,15 为读取辊传感器 PS4,16 为混合原稿传感器
1PS9,17 为混合原稿传感器 2PS10,18 为混合原稿传感器 3PS11,19 为稿台清洁
辊电机 M4,20 为稿台清洁辊初始位置传感器 PS13,21 为印记电磁开关(选购
件)SD2,22 为 CD 尺寸传感器 VR1,23 为 FD 尺寸传感器 3PS8,24 为 FD 尺寸传
感器 2PS7,25 为 FD 尺寸传感器 1PS6;图 5 - 3(b)中,1 为搓纸轮,2 为进稿电机
M2,3 为进稿离合器 CL1,4 为对位离合器 CL2,5 为对位辊,6 为对位轮,7 为分
离轮,8 为进稿轮;图 5 - 3(c)中,1 为上排稿轮,2 为下排稿轮,3 为排稿辊释放
电磁开关 SD1,4 为读取电机 M1,5 为读取辊释放电机 M3,6 为读取辊,7 为读取
轮 1,8 为稿台清洁辊,9 为读取轮 2,10 为稿台清洁电机 M4;图 5 - 3(d)中,1 为
稿台清洁电机 M4,2 为稿台清洁辊。

2. 大容量进纸盒 PC - 409

图 5 - 4 是大容量进纸盒 PC - 409 的机电元件。

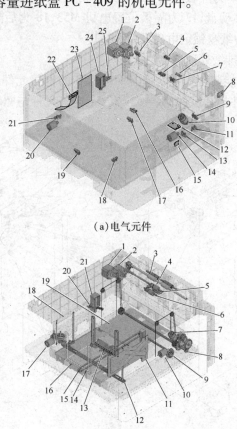

(a)电气元件

(b)机电元件

图 5 - 4　PC - 409 的机电元件

223

图 5 −4(a)中,1 为进纸电机 M51,2 为垂直输送电机 M52,3 为右下门传感器 PS55,4 为垂直输送传感器 PS52,5 为提升上限传感器 PS54,6 为供纸传感器 PS51,7 为无纸传感器 PS53,8 为纸盘 LED 板 LEDB51,9 为升降电机传感器 PS5A,10 为升降电机 M55,11 为下降超限传感器 PS57,12 为主盘无纸检测板 MTPEB,13 为移动电机传感器 PS58,14 为移动电机 M54,15 为手动下降控制 MDCB,16 为下降下限传感器 PS5D,17 为移动停止位置传感器 PS5B,18 为移动盘无纸传感器 PS59,19 为移动初始位置传感器 PS5C,20 为隔板位置电机 M53,21 为隔板位置传感器 PS5E,22 为中继板 PCREYB,23 为控制板 PCCB51,24 为纸盘锁定电磁开关 SD51,25 为纸盘检测传感器 PS56;图 5 −4(b)中,1 为进纸电机 M51,2 为垂直输送电机 M52,3 为垂直输送辊,4 为供纸轮,5 为分离轮,6 为搓纸轮,7 为升降电机 M55,8 为升降张紧轴,9 为移动驱动轴,10 为移动电机 M54,11 为前隔板,12 为隔板驱动板,13 为移动位置,14 为移动初始位置,15 为移动驱动带,16 为移动盘,17 为隔板位置电机 M53,18 为后隔板,19 为主盘,20 为纸盘锁定杆,21 为纸盘锁定电磁开关 SD51。

3. 多功能装订排纸处理器 FS −527

图 5 −5 是多功能装订排纸处理器 FS −527 的电气元件,图 5 −6 是配置与驱动,图 5 −7 是选件打孔组件 PK −517 位置、电气元件与驱动。

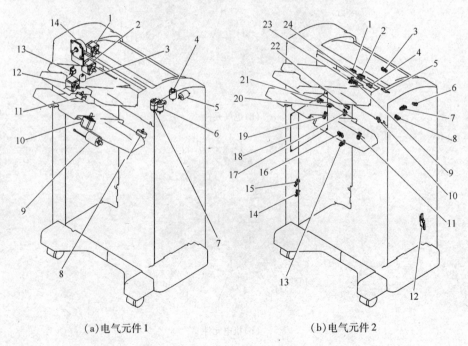

(a)电气元件 1　　　　　　　　　(b)电气元件 2

224

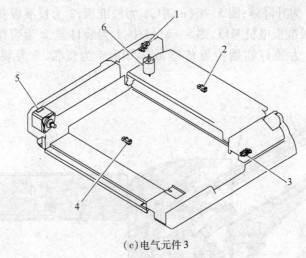

(c)电气元件3

图 5 - 5 FS - 527 的电气元件

图 5 - 5(a)中,1 为纸路电机 2M3,2 为传输电机 M4,3 为调整片电机 M12,4 为纸盘 1 纸路切换电机 M8,5 为上下纸路切换电机 M6,6 为调整辊回缩电机 M10,7 为排纸辊回缩电机 M9,8 为引导边止动电机 M14,9 为纸盘 2 移动电机 M16,10 为装订器移动电机 M11,11 为校准板电机 M13,12 为排纸电机 M5,13 为调整片电磁开关 SD1,14 为升降电机 M15;图 5 - 5(b)中,1 为纸盘 1 满传感器 PS22,2 为上门传感器 PS14,3 为对位传感器 PS10,4 为下纸路传感器 PS9,5 为打孔满传感器 PS30,6 为上下纸路切换传感器 PS26,7 为纸盘 1 纸路切换初始位置传感器 PS7,8 为校准辊加压传感器 PS13,9 为上纸路传感器 PS8,10 为排纸辊加压传感器 PS12,11 为装订器初始位置传感器 2PS19,12 为前门开关 SW1,13 为纸盘 2 移动初始位置传感器 PS25,14 为纸盘 2 下限传感器 PS21,15 为纸盘 2 下限开关 SW3,16 为纸盘 2 上限传感器 PS24,17 为纸盘 2 上限开关 SW2,18 为控制板 FSCB,19 为装订器初始位置传感器 1PS18,20 为引导边止动初始位置传感器 PS20,21 为校准板初始位置传感器 PS17,22 为纸盘 2 纸检测传感器 PS16,23 为鞍式纸路传感器 PS11,24 为纸盘 1 纸路传感器 PS6;图 5 - 5(c)中,1 为双面纸路切换传感器 PS3,2 为纸路传感器 1PS1,3 为水平输送盖传感器 PS5,4 为纸路传感器 2PS2,5 为纸路电机 1M1,6 为双面纸路切换电机 M2。

图 5 - 6(a)中,1 为纸盘 1,2 为对齐部分,3 为输送部分,4 为水平输送部分,5 为装订部分,6 为纸盘 2;图 5 - 6(b)中,1 为水平输送部分,2 为排纸侧,3 为主机侧,4 为输送轮,5 为纸路电机 1M1;图 5 - 6(c)中,1 为纸盘 1 排纸轮,2 为排纸电机 M5,3 为输送电机 M4,4 为纸路电机 2M3,5 为输送辊 2,6 为纸路辊,7 为输送辊 1,8 为排纸从动轮,9 为纸盘 2 排纸辊;图 5 - 6(d)中,1 为纸盘 2,2 为升

225

降电机 M15,3 为升降带;图 5－6(e)中,1 为校准板,2 为校准板初始位置传感器 PS17,3 为校准板电机 M13;图 5－6(f)中,1 为装订器,2 为装订初始位置传感器 1PS18,3 为装订初始位置传感器 2PS19,4 为皮带,5 为装订器移动电机 M11。

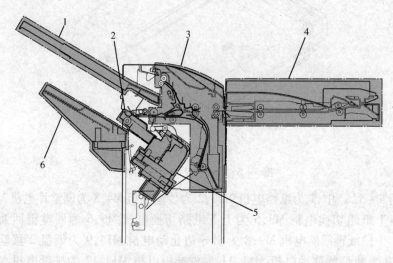

(a)配置

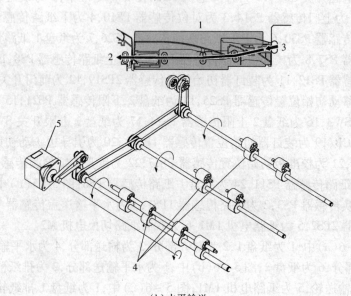

(b)水平输送

226

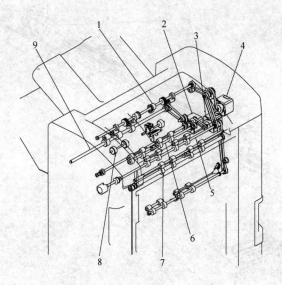

（c）传输

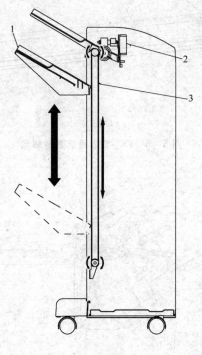

（d）排纸

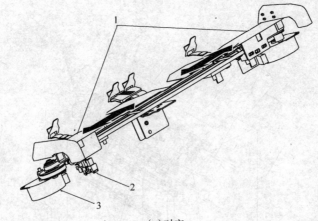

（e）对齐

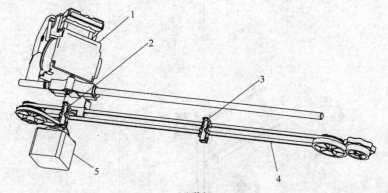

（f）装订

图 5－6　FS－527 的配置与驱动

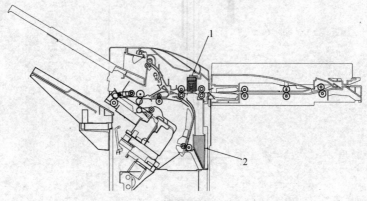

（a）打孔器的位置

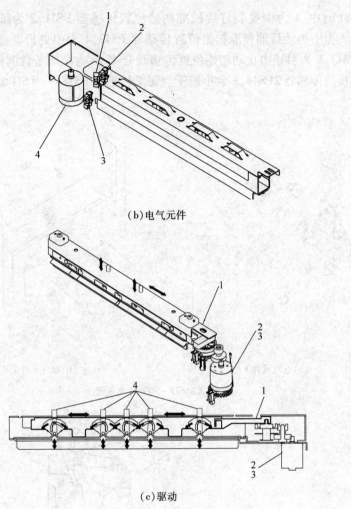

(b)电气元件

(c)驱动

图 5 – 7　PK – 517 的位置、电气元件与驱动

图 5 – 7(a)中,1 为打孔器,2 为纸屑仓;图 5 – 7(b)中,1 为打孔凸轮位置传感器(PS200),2 为打孔初始位置传感器 1PS100,3 为打孔脉冲传感器 1PS300,4 为打孔电机 1M100;图 5 – 7(c)中,1 为滑动凸轮,2 为打孔电机 1M100,3 为打孔电机 2M101,4 为打孔器。

4. 鞍式装订器 SD – 509

图 5 – 8 是鞍式装订器 SD – 509 的电气元件,图 5 – 9 是配置与驱动。

图 5 – 8(a)中,1 为中央装订后校准电机 M23,2 为中央装订前校准电机 M24,3 为引导边夹纸电磁开关 SD3,4 为中央折叠板电机 M26,5 为引导边止动电机 M20,6 为下叶片机 M22,7 为中央折叠辊电机 M25,8 为上叶片机 M21;

图 5 – 8(b)中,1 为中央装订后校准初始位置传感器 PS41,2 为纸检测传感器 1PS43,3 为中央装订前校准初始位置传感器 PS42,4 为中央折叠板初始位置传感器 PS47,5 为引导边止动初始位置传感器 PS45,6 为小册子盘满传感器 PS50,7 为纸检测传感器 2PS44,8 为小册子盘无纸传感器 PS48,9 为 SD 驱动板 SDDB。

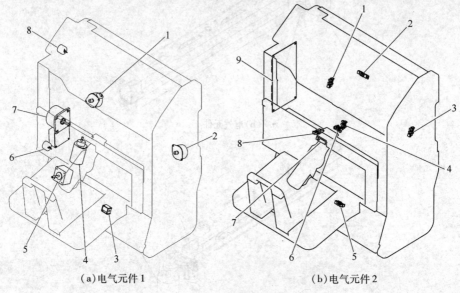

（a）电气元件 1　　　　　　　　　　　　　（b）电气元件 2

图 5 – 8　SD – 509 的电气元件

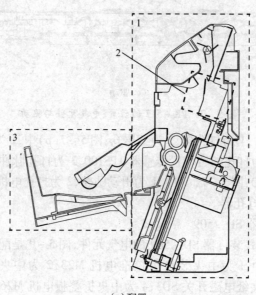

（a）配置

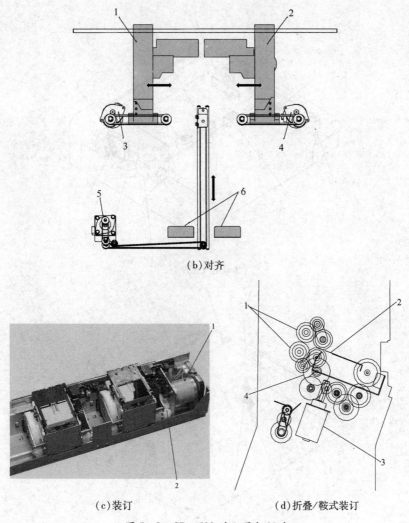

(b)对齐

(c)装订　　　　　　　　　　　(d)折叠/鞍式装订

图 5-9　SD-509 的配置与驱动

图 5-9(a)中,1 为对齐部分,2 为装订器,3 为排纸部分;图 5-9(b)中,1 为后校准板,2 为前校准版,3 为中央装订后校准电机 M23,4 为中央装订前校准电机 M24,5 为引导边止动电机 M20,6 为引导边止动器;图 5-9(c)中,1 为装订电机,2 为驱动齿轮;图 5-9(d)中,1 为折叠辊,2 为折叠板,3 为中央折叠辊电机 M25,4 为中央折叠板电机 M26。

5. 多位置装订排纸处理器 FS-529

图 5-10 是多位置装订排纸处理器 FS-529 的电气元件,图 5-11 是配置与驱动。

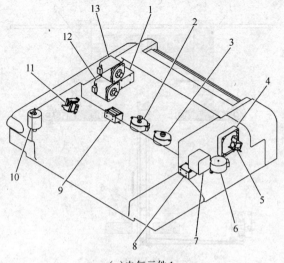

（a）电气元件1

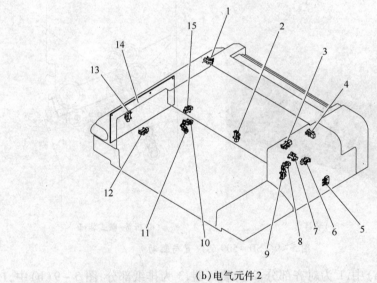

（b）电气元件2

图5-10　FS-529的电气元件

图5-10（a）中，1为挡板电磁开关 SD4，2为后校准电机 M4，3为前校准电机 M3，4为风扇电机 FM1，5为皮带回缩电磁开关 SD5，6为装订器移动电机 M7，7为搓纸轮位置电机 M1，8为纸面检测电磁开关 SD1，9为校准止动器电磁开关 SD3，10为纸盘升降电机 M2，11为叶片电磁开关 SD2，12为输送电机 2M6，13为输送电机 1M5；图5-10（b）中，1为纸路传感器 1PS1，2为无纸传感器 PS7，3为引导边止动初始位置传感器 PS14，4为纸路传感器 2PS10，

232

5 为前门开关 SW1,6 为皮带位置传感器 PS13,7 为搓纸轮位置传感器 PS12,8 为前校准板初始位置传感器 PS8,9 为装订初始位置传感器 PS11,10 为纸面检测传感器 1PS2,11 为纸面检测传感器 2PS3,12 为纸盘下限传感器 PS6,13 为纸盘升降传感器 PS4,14 为控制板 FSCB,15 为后校准板初始位置传感器 PS9。

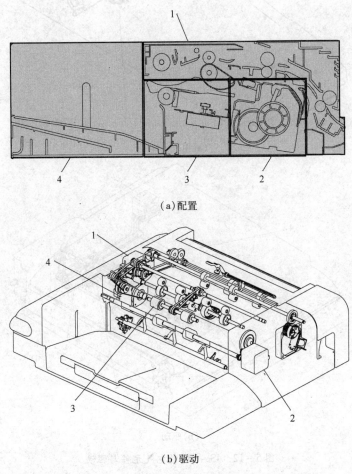

（a）配置

（b）驱动

图 5 - 11　配置与驱动

图 5 - 11(a)中,1 为输送部分,2 为装订部分,3 为校准部分,4 为接纸盘;图 5 - 11(b)中,1 为输送电机 1M5,2 为搓纸轮位置电机 M1,3 为排纸轮,4 为输送电机 2M6。

6. 作业分离器 JS - 603

图 5 - 12 是作业分离器 JS - 603 的电气元件与驱动。

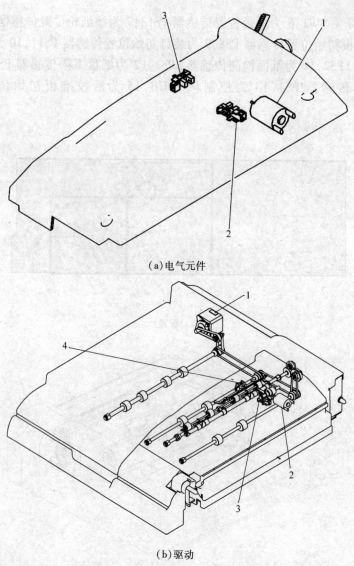

（a）电气元件

（b）驱动

图 5 - 12　JS - 603 的电气元件与驱动

　　图 5 - 12(a)中,1 为纸盘 3 排纸辊回缩电机 M17,2 为纸盘 3 排纸辊回缩传感器 PS35,3 为纸盘 3 满传感器 PS36;图 5 - 12(b)中,1 为纸路电机 1M1,2 为纸盘 3 排纸辊回缩电机 M17,3 为纸盘 3 排纸辊回缩传感器 PS35,4 为纸盘 3 满传感器 PS36。

　　7. 作业分离器 JS - 505

　　图 5 - 13 是作业分离器 JS - 505 的电气元件与驱动。

234

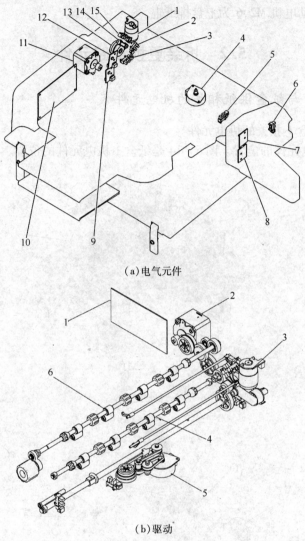

（a）电气元件

（b）驱动

图 5 - 13　JS - 505 的电气元件与驱动

　　图 5 - 13（a）中，1 为回缩电机 M3，2 为路径切换初始位置传感器 PS4，3 为加压/回缩初始位置传感器 PS5，4 为移动电机 M2，5 为移动初始位置传感器 PS6，6 为前门传感器 PS3，7 为上盘纸满检测板 LED - T2FDTB/LED，8 为下盘纸满检测板 LED - T1FDTB/LED，9 为下盘纸满检测板 PR - T1FDTB/PR，10 为控制板 JSCB，11 为输送电机 M1，12 为上盘纸满检测板 PR - T2FDTB/PR，13 为辊加压/回缩离合器 CL1，14 为下盘排纸传感器 PS1，15 为上盘排纸传感器 PS2；图 5 - 13（b）中，1 为控制板 JSCB，2 为输送电机 M1，3 为回缩电机 M3，4 为下盘排

纸辊,5 为移动电机 M2,6 为上盘排纸辊。

5.2　拆装更换纸路元件

5.2.1　与纸盒供纸相关的机电元件

1. 与纸盒 1 相关的机电元件

（1）机电元件的位置。图 5 - 14 是纸盒 1 机电元件的位置。

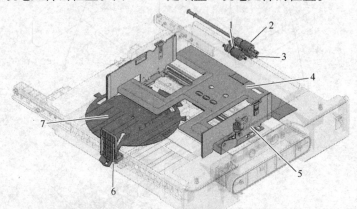

(a)机械元件

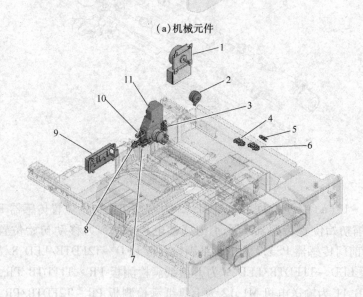

(b)电气元件

图 5 - 14　纸盒 1 的机电元件

图 5 - 14(a) 中, 1 为搓纸轮, 2 为供纸轮, 3 为分离轮, 4 为纸提升板, 5 为纸导板 CD, 6 为纸导板 FD, 7 为纸长度检测板; 图 5 - 14(b) 中, 1 为输送电机 M1, 2 为供纸离合器 CL11, 3 为纸量传感器 PS14, 4 为上限传感器 PS12, 5 为供纸传感器 PS11, 6 为无纸传感器 PS15, 7 为 CD 尺寸检测传感器 2PS17, 8 为 CD 尺寸检测传感器 1PS16, 9 为 FD 传感器电路板 PSDB11, 10 为纸盒 1 检测传感器 PS13, 11 为提升电机 M11。

（2）更换分离轮、搓纸轮、进纸离合器和进纸轮。参照图 5 - 15 取出纸盒 1 进纸组件。

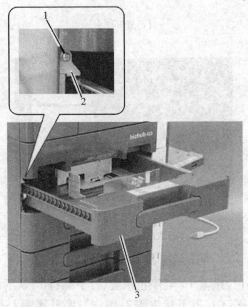

(a) 取出纸盒 1

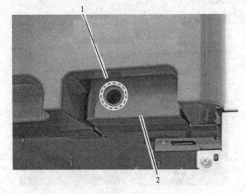

(b) 取下接头盖

237

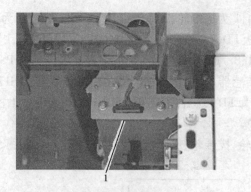

(c)断开接头

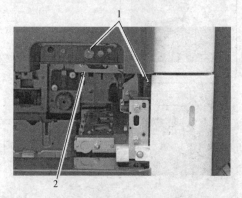

(d)取出纸盒1的进纸组件

图5－15　取出纸盒1的进纸组件

　　其中:图(a),外拉纸盒13至停止位置,按下螺钉1,取下止动块2后取出纸盒13;图(b),按下螺钉1,取下接头盖2;图(c),断开接头1;图(d),按下2颗螺钉1,取出纸盒1的进纸组件2。

　　参照图5－16更换分离轮。

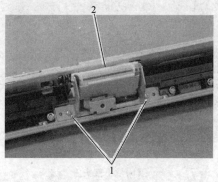

(a)取下分离轮组件1

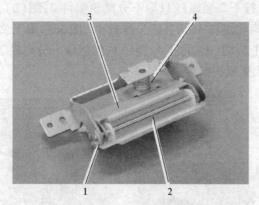

（b）取下分离轮组件 2

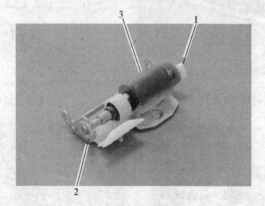

（c）取下分离轮组件 3

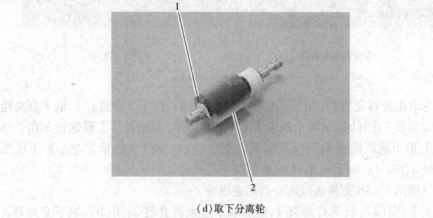

（d）取下分离轮

图 5－16　更换分离轮

其中:图(a),拧下 2 颗螺钉 1,取下分离轮组件 2;图(b),取下 C 型环 1 和轴 2,然后取下分离轮组件 3(切莫遗失弹簧 4);图(c),取下 C 型卡 1 和 C 型环 2,取下分离轮组件 3;图(d),取下 C 型环 1,然后取下分离轮 2。

参照图 5 -17 更换搓纸轮。

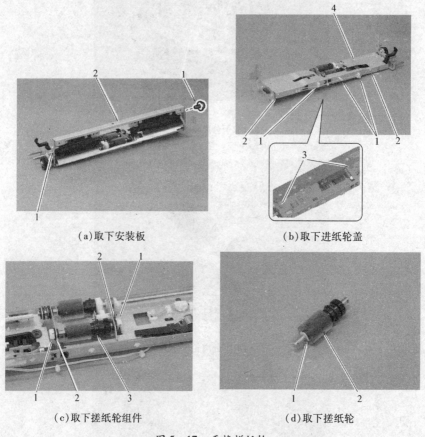

(a)取下安装板

(b)取下进纸轮盖

(c)取下搓纸轮组件

(d)取下搓纸轮

图 5 -17　更换搓纸轮

先取出分离轮组件(图 5 -16)。图 5 -17(a),拧下 2 颗螺钉 1,取下分离轮组件安装板 2;图(b),从 3 个线束卡 1 中释放线束,分别拧下 2 颗螺钉 2 和 2 颗螺钉 3,取下进纸轮盖 4;图(c),取下 2 个 C 型卡 1 和 2 个轴承 2,然后取下搓纸轮组件 3;图(d),取下 C 形环 1,然后取下搓纸轮 2。

参照图 5 -18 更换进纸离合器和进纸轮。

其中:图(a),取下 C 形环 1,然后取下进纸离合器 2;图(b),取下 C 形环 1 和轴承 2;图(c),取下 E 型卡 1 和轴承 2,然后取出进纸轮组件 3(切莫遗失弹簧 4);图(d),取下 2 个 C 形环 1 和轴承 2,然后取下进纸轮 3。

240

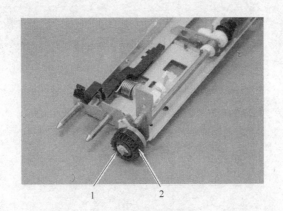

（a）取下进纸离合器

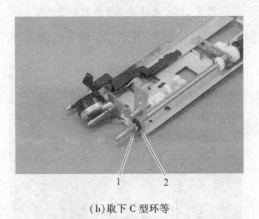

（b）取下 C 型环等

（c）取出进纸轮组件

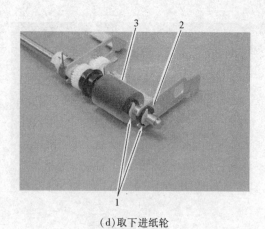

(d)取下进纸轮

图5-18　更换进纸离合器和进纸轮

（3）更换输送电机（M1）。参照图5-19取下机器后盖。

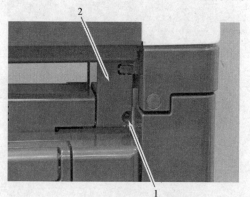

(a)取下接头盖

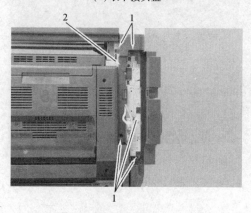

(b)取下右后盖

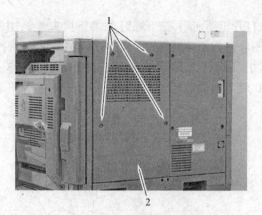

（c）取下后盖1

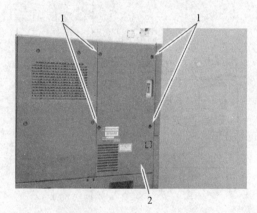

（d）取下后盖2

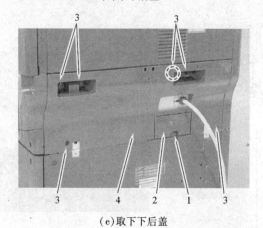

（e）取下下后盖

图5-19　取下机器后盖

其中:图(a),打开机器前门,拧下螺钉1,取下接头盖2;图(b),拧下5颗螺钉1,取下右后盖2;图(c),拧下4颗螺钉1,取下后盖12;图(d),拧下4颗螺钉1,取下后盖22;图(e),拧下螺钉1,取下接头盖2;拧下6颗螺钉3,取下下后盖4。

参照图5-20取下扫描器后盖。

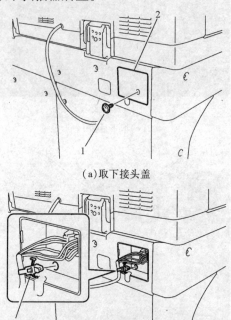

(a)取下接头盖

(b)取下线卡

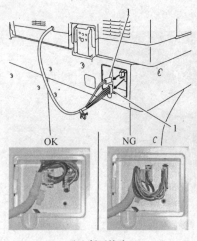

(c)断开接头

(d)取下扫描器后盖

图5-20 取下扫描器后盖

其中:图(a),拧下螺钉1,取下接头盖2;图(b),取下线卡1;图(c),断开2个接头1(重装时注意布线,OK 为正确);图(d),拧下3 颗螺钉1,取下扫描器后盖2。

参照图5-21取下电路板盒。

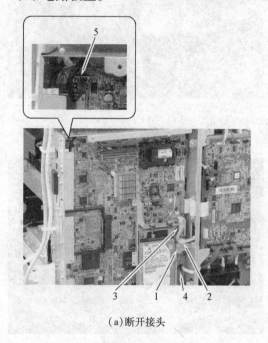

(a)断开接头

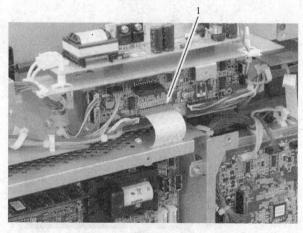

(b)断开扁平接头

(c)断开扁平接头

(d)断开接头

(e)取下电路板盒

图 5-21　取下电路板盒

先取下扫描器后盖(图 5 – 20)、右后盖、后盖 1 和后盖 2(图 5 – 19)。图 5 – 21(a),拧下螺钉 1,取下线卡 2,断开接头 3PJ04;然后断开扁平接头 4PJ2 和接头 5PJ30;图(b),从扫描中继板上断开扁平接头 1PJ2;图(c),从打印控制板上断开扁平接头 1CN28;图(d)从 2 个线卡 1 中释放线束,然后断开 2 个接头 2;图(e),拧下 7 颗螺钉 1,取下电路板盒 2。

参照图 5 – 22 更换输送电机(M1)。

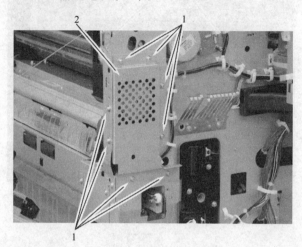

(a)取下金属盖

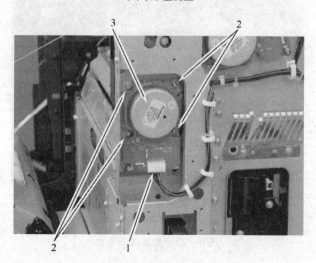

(b)取下输送电机

图 5 – 22　更换输送电机

先取下机器的下后盖(图5-19)和电路板盒(图5-21)。图5-22(a),拧下8颗螺钉1,取下金属盖2;图(b),断开接头1,拧下4颗螺钉2,然后取下输送电机3。

(4)更换提升电机。参照图5-23更换提升电机(M11)。

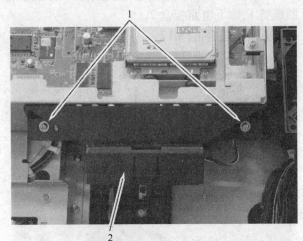

(a)取下冷却扇组件

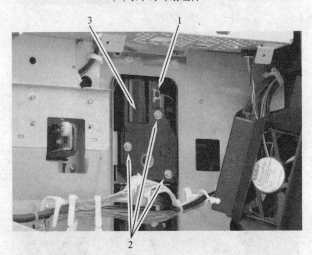

(b)取下提升电机

图5-23　更换提升电机

先取下机器的后盖1和下后盖(图5-19)。图5-23(a),拧下2颗螺钉1,取下电路板冷却扇组件2;图(b),断开接头1,拧下3颗螺钉2,取下纸盒1提升电机3。

2. 与纸盒 2 相关的机电元件

（1）机电元件的位置。图 5 - 24 是纸盒 2 机电元件的位置。

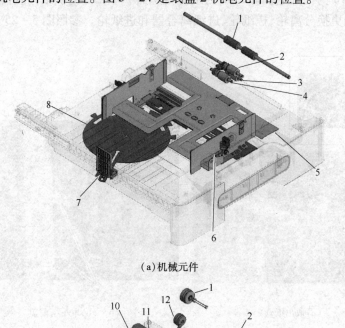

（a）机械元件

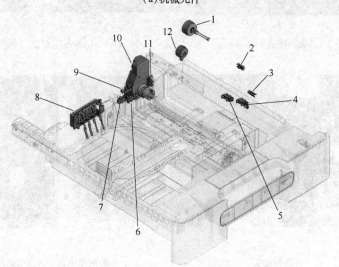

（b）电气元件

图 5 - 24　纸盒 2 的机电元件

图 5 - 24(a) 中,1 为垂直输送轮,2 为供纸轮,3 为分离轮,4 为搓纸轮,5 为纸提升板,6 为纸导板 CD,7 为纸导板 FD,8 为纸长度检测板;图 5 - 24(b) 中,1 为垂直输送离合器 CL22,2 为垂直输送传感器 PS28,3 为供纸传感器 PS21,4 为无纸传感器 PS25,5 为上限传感器 PS22,6 为 CD 尺寸检测传感器 2PS27,7 为

CD 尺寸检测传感器1PS26,8 为 FD 传感器电路板 PSDB21,9 为纸盒2 检测传感器 PS23,10 为提升电机 M2,11 为纸量传感器 PS24,12 为供纸离合器 CL21。

（2）更换分离轮、搓纸轮、进纸离合器和进纸轮。参照图5-25取出纸盒2进纸组件。

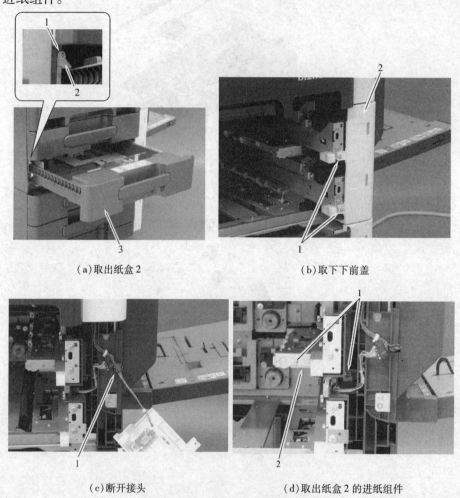

（a）取出纸盒2　　　　　　　　　　　　　（b）取下下前盖

（c）断开接头　　　　　　　　　　　　（d）取出纸盒2的进纸组件

图5-25　取出纸盒1的进纸组件

其中:图(a),外拉纸盒23至停止位置,拧下螺钉1,取下止动块2后取出纸盒23;图(b),拧下2颗螺钉1,取下机器下前盖2;图(c),断开接头1;图(d),拧下2颗螺钉1,取出纸盒2的进纸组件2。

纸盒2更换分离轮、搓纸轮、进纸离合器和进纸轮的方法同纸盒1。纸盒1和纸盒2分离轮、搓纸轮和进纸轮的更换周期都是300000次。必须说明,分离轮、搓纸轮和进纸轮最好同时更换。

更换后分离轮、搓纸轮和进纸轮后须及时清除使用寿命计数器:选择维修模式(Service Mode)→计数器(Counter)→使用寿命(Life),然后清除第2(2nd.)或第1(1st.)的计数。

(3) 更换提升电机。参照图5-26更换纸盒2提升电机(M21)。

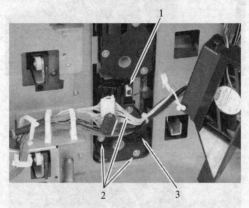

图5-26　更换提升电机

先取下机器的下后盖(图5-19)。然后断开接头1,拧下3颗螺钉2,取下纸盒2提升电机3。

(4) 更换垂直输送离合器。参照图5-27取出手送纸组件。

其中:图(a),拧下2颗螺钉1,取下手送纸组件右盖2;图(b),拧下螺钉1,取下手送纸组件左盖2;图(c),从边盖1和线卡2中释放线束;图(d),断开5处接头1;图(e),拧下4颗螺钉1,取出手送纸组件2。

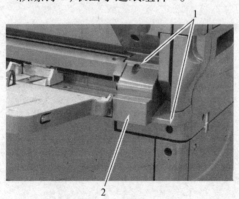

(a)取下手送纸组件右盖

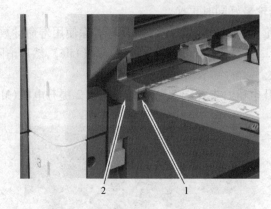

（b）取下手送纸组件左盖

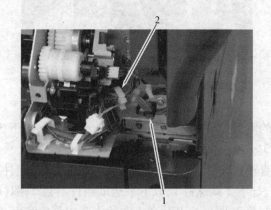

（c）释放线束

（d）断开接头

252

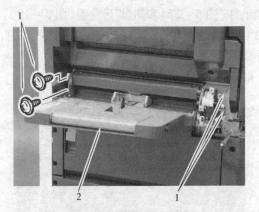

(e)取出手送纸组件

图 5 - 27　取出手送纸组件

参照图 5 - 28 取出输送组件。

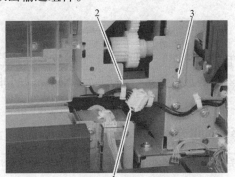

(a)释放线束

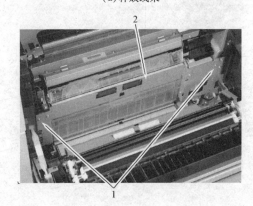

(b)取出输送组件

图 5 - 28　取出输送组件

先取出手送纸组件(图5－27)和机器下后盖(图5－19)。图5－28(a),断开接头1,从线卡2中释放线束,拧下螺钉3;图(b),打开右门,拧下2颗螺钉1,然后取出输送组件2。

参照图5－29取出垂直输送离合器(CL22)。

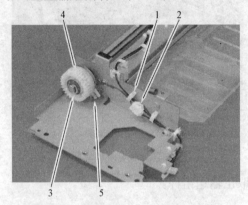

图5－29　取出垂直输送离合器

先取出输送组件(图5－28)。从线卡1中释放线束,断开接头2,取下E型卡3,然后取出纸盒2的垂直输送离合器4(安装时,注意将止动器的凸部嵌入离合器4的凹部5)。

5.2.2　与手送纸相关的机电元件

图5－30是手送纸机电元件的位置。

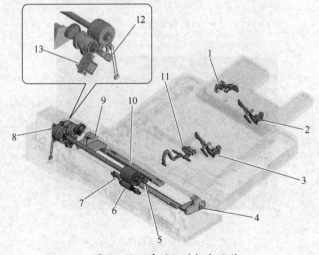

图5－30　手送纸的机电元件

图 5 - 30 中,1 为长度传感器 3PS86,2 为长度传感器 2PS85,3 为长度传感器 1PS84,4 为前侧导板,5 为 CD 尺寸传感器 VR81,6 为分离轮,7 为手送纸检测传感器 PS81,8 为进纸离合器 CL81,9 为后侧导板,10 为进纸轮,11 为无纸传感器 PS82,12 为提升位置传感器 PS83,13 为搓纸电磁开关 SD81。

1. 更换手送进纸离合器和搓纸电磁开关

参照图 5 - 31 更换手送进纸离合器(CL81)和搓纸电磁开关(SD81)。

先取出手送纸组件(图 5 - 27)。图 5 - 31(a),拧下螺钉 1,取下传感器组件 2;图(b),先取下 E 型卡 1,然后取下手送进纸离合器 2(安装时,注意将止动器的凸部嵌入离合器 2 的凹部 3);图(c),从 2 个线卡 1 中释放线束;图(d),拧下 2 颗螺钉 1,取下手送搓纸电磁开关组件 2(注意,莫遗失制动器 3);图(e),拧下螺钉 1,取下手送搓纸电磁开关 2。

(a)取下传感器组件

(b)取下手送进纸离合器

（c）释放线束

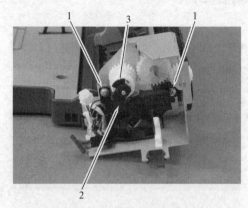

（d）取下手送纸搓纸电磁开关组件

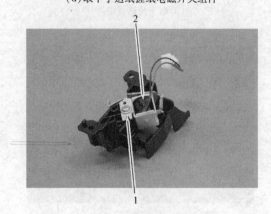

（e）取下手送纸搓纸电磁开关

图 5-31　更换手送进纸离合器（CL81）和搓纸电磁开关（SD81）

2. 更换手送纸分离轮

参照图 5 - 32 更换手送纸分离轮。

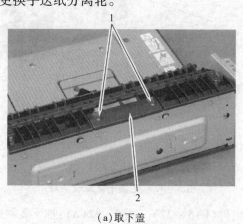

(a)取下盖

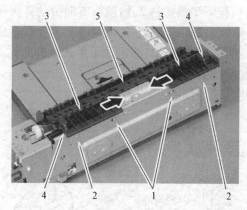

(b)取下输送导板

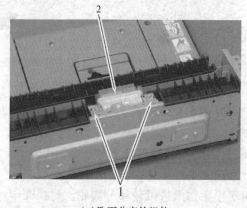

(c)取下分离轮组件

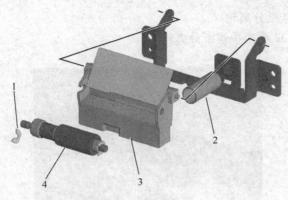

(d)取下分离轮

图 5 - 32　更换手送纸分离轮

先取出手送纸组件(图 5 - 27)。图 5 - 32(a),拧下 2 颗螺钉 1,取下盖 2;图(b),拧松 2 颗螺钉 1,拧下 2 颗螺钉 2,沿箭头方向滑动 2 块导板 3;取下 2 个弹簧 4,然后取下输送导板 5;图(c),拧下 2 颗螺钉 1,取下手送纸分离轮组件 2;图(d),取下 C 型卡 1、弹簧 2 和导板 3,然后取下手送纸分离轮 4。

3. 更换手送纸进纸轮

参照图 5 - 33 更换手送纸进纸轮。

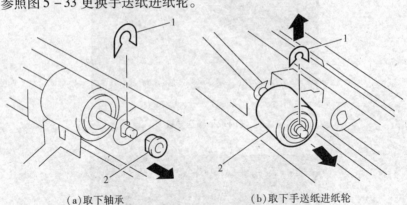

(a)取下轴承　　　　　　　(b)取下手送纸进纸轮

图 5 - 33　更换手送纸进纸轮

先取出手送纸组件(图 5 - 27)、手送纸分离轮(图 5 - 32)和手送进纸离合器(图 5 - 31)。

图 5 - 33(a),取下 C 型卡 1,然后取下轴承 2;图(b),取下 C 型卡 1,然后取下手送纸进纸轮 2。

注意,最好同时更换手送纸进纸轮和分离轮。更换完毕,使用维修模式清除手送纸计数器:选择维修模式→计数器→使用寿命,然后清除手送纸(Mannal

258

Tray)的计数。

5.2.3 与输送纸相关的机电元件

1. 对位辊部分

（1）机电元件的位置。图 5 - 34 是对位辊部分机电元件的位置。

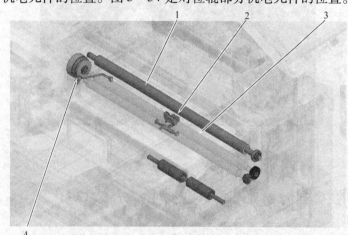

(a)机电元件 1

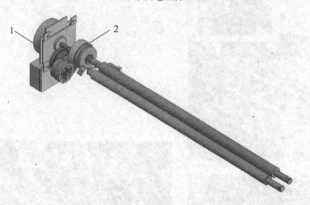

(b)机电元件 2(驱动)

图 5 - 34 对位辊部分的机电元件

图 5 - 34(a)中,1 为转印辊,2 为对位传感器 PS1,3 为对位辊,4 为对位离合器 CL1;图 5 - 34(b)中,1 为输送电机 M1,2 为对位离合器 CL1。

（2）更换对位辊齿轮。参照图 5 - 35 更换对位辊齿轮。

打开机器右门。取下 2 个 E 型卡 1,然后取下对位辊齿轮 12 和对位辊齿轮 23。

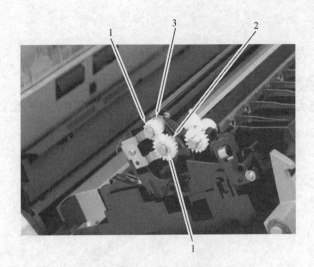

图 5-35　更换对位辊齿轮

（3）对位离合器。参照图 5-36 更换对位离合器（CL1）。

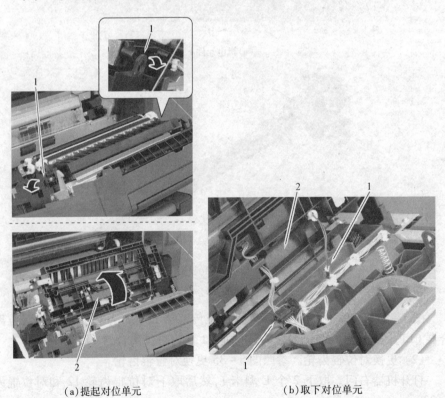

（a）提起对位单元　　　　　　（b）取下对位单元

260

（c）取下对位离合器

图 5 - 36　更换对位离合器

　　其中：图(a)，打开机器右门，依箭头所示按压松开两端卡扣 1，然后提起对位单元 2；图(b)，断开 2 处接头 1，取下对位单元 2；图(c)，从线卡 1 中释放线束，取下 E 型卡 2 后取下对位离合器 3（安装时，将止动器的凸部嵌入对位离合器 3 的凹部 4）。

　　（4）更换对位辊轴承。参照图 5 - 37 更换对位辊轴承。

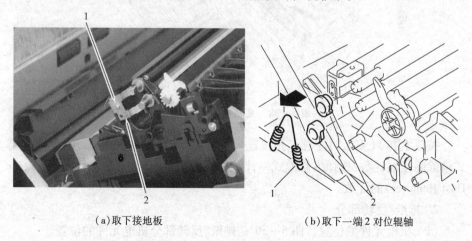

（a）取下接地板　　　　　　　　　　（b）取下一端 2 对位辊轴

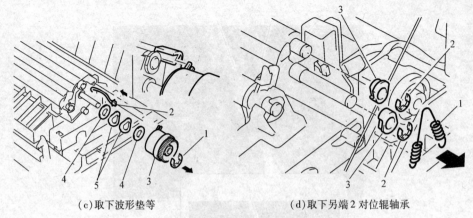

(c)取下波形垫等　　　　　　　　（d)取下另端2对位辊轴承

图5-37　更换对位辊轴承

先取下对位辊齿轮(图5-35)。图5-37(a),拧下螺钉1,取下接地板2(安装时,确保接地板与轴承接触);图(b),取下弹簧1,然后取下一端的2个对位辊轴承2;图(c),取下E型卡1,断开接头2,取下对位离合器3后再取下2个垫圈4和2个波形垫5;图(d),取下弹簧1和2个E型卡2,然后取下另端的2个对位辊轴承3。

(5)除尘器。参照图5-38更换对位辊除尘器。

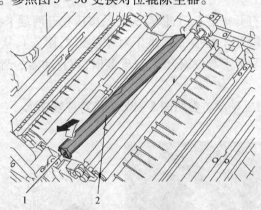

图5-38　更换对位辊除尘器

按压卡扣1(安装时注意卡扣位置),取下除尘器2。更换完毕,使用维修模式清除除尘器计数:选择维修模式→计数器→使用寿命,然后清除除尘器(Paper Dust Remover)的计数。

2. 排纸/反转部分

(1)机电元件的位置。图5-39是排纸/反转部分机电元件的位置。

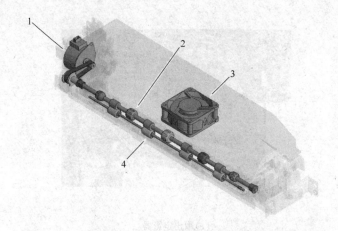

图 5 – 39　排纸/反转部分的机电元件

图 5 – 39 中,1 为反转电机 M91,2 为排纸/反转辊,3 为定影器冷却扇 FM3,4 为排纸/反转轮。

(2) 更换反转电机。参照图 5 –40 取出定影器。

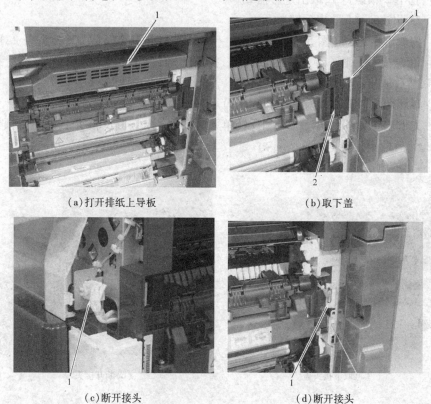

（a）打开排纸上导板　　　　　　　　（b）取下盖

（c）断开接头　　　　　　　　　（d）断开接头

263

(e)取出定影器

图 5-40 取出定影器

打开机器右门,取下机器右后盖(图 5-19)。图 5-40(a),打开排纸上导板 1;图(b),拧下螺钉 1,取下盖 2;图(c),断开接头 1;图(d),断开接头 1;图(e),拧下 2 颗螺钉 1,取出定影器 2。

参照图 5-41 取出反转单元。

先取出定影器(图 5-40)。图 5-41(a),拧下螺钉 1,取下接头盖 2;图(b),断开接头 1;图(c),拧松前螺钉 1,拧下前螺钉 2;拧松后螺钉 3,拧下后螺钉 4,然后取出反转单元 5。

参照图 5-42 更换反转电机(M91)。

先取出定影器(图 5-40)和反转单元(图 5-41)。断开接头 1,拧下 2 颗螺钉 2,然后取下反转电机 3。

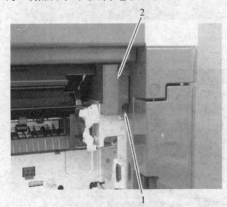

(a)取下接头盖

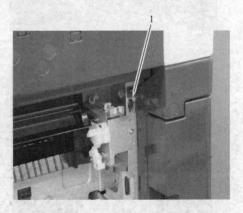

(b)断开接头

264

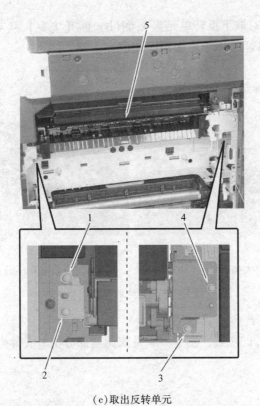

（c）取出反转单元

图 5 - 41 取出反转单元

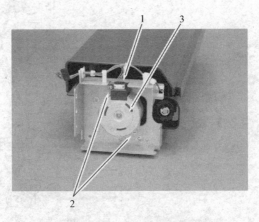

图 5 - 42 更换反转电机

（3）更换定影器冷却扇。参照图 5 - 43 更换定影器冷却扇。

先取出定影器（图 5 - 40）和反转单元（图 5 - 41）。图 5 - 43（a）,拧下螺钉

1,释放两端锁扣2,取下反转单元盖3;图(b),断开接头1,从4个导板2中释放线束;拧下2颗螺钉3,取下定影器冷却扇4。

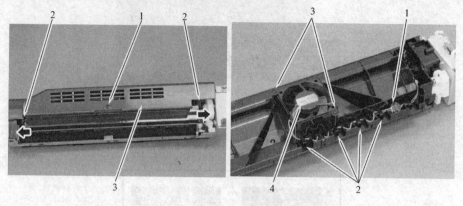

（a）取下反转单元盖　　　　　（b）取下定影器冷却扇

图 5 - 43　更换定影器冷却扇

3. 双面器部分

（1）机电元件的位置。图 5 - 44 是双面器部分机电元件的位置。

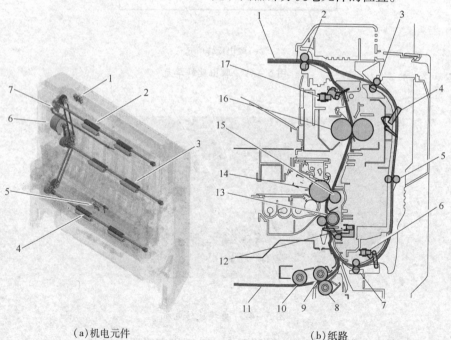

（a）机电元件　　　　　　　（b）纸路

图 5 - 44　双面器部分的机电元件

图 5 – 44(a)中,1 为门传感器 S91,2 为双面输送辊 1,3 为双面输送辊 2,4 为双面输送辊 3,5 为下输送传感器 PS93,6 为输送电机 M92,7 为上输送传感器 PS92;图 5 – 44(b)中,1 为双面模式纸路,2 为排纸/反转轮,3 为双面输送辊 1,4 为上输送传感器 PS92,5 为双面输送辊 2,6 为下输送传感器 PS93,7 为双面输送辊 3,8 为纸盒 1 分离轮,9 为纸盒 1 进纸轮,10 为纸盒 1 搓纸轮,11 为单面模式纸路,12 为对位传感器 PS1,13 为对位辊,14 为光导鼓,15 为转印辊,16 为定影辊(热辊/压辊),17 为排纸传感器 PS3。

(2) 更换双面器输送电机。参照图 5 – 45 更换双面器输送电机(M92)。

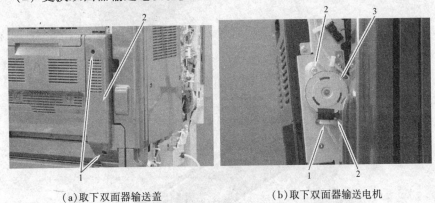

(a)取下双面器输送盖　　　　　(b)取下双面器输送电机

图 5 – 45　更换双面器输送电机

其中:图(a),拧下 2 颗螺钉 1,取下双面器输送盖 2;图(b),断开接头 1,拧下 2 颗螺钉 2,取下双面器输送电机 3。

5.2.4　与定影器相关的机电元件

1. 机电元件的位置

图 5 – 46 是定影器机电元件的位置。

图 5 – 46(a)中,1 为上输送轮,2 为下输送轮,3 为分离爪,4 为压力辊,5 为定影灯 FH,6 为恒温器 TS,7 为热敏电阻 TH2,8 为排纸传感器 PS3;图 5 – 46(b)中,1 为热辊,2 为输送电机 M1。

2. 更换说明

柯尼卡美能达(bizhub223、283、7828、363 和 423)、震旦(AD289、369 和 429)等数码复印机的定影器使用到期要求整体更换。柯尼卡美能达 bizhub363 和 423(震旦 AD369 和 429)的更换周期是 450000 张,柯尼卡美能达 bizhub283 和 7828(震旦 AD289)的更换周期是 420000 张,柯尼卡美能达 bizhub223 的更换周期是 340000 张。

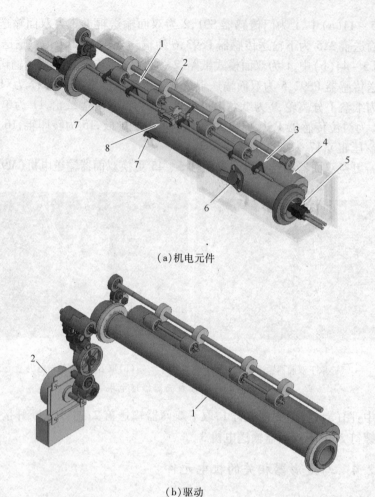

（a）机电元件

（b）驱动

图 5 – 46　定影器的机电元件

从机器取出定影器的方法如图 5 – 40 所示，更换定影器冷却扇如图 5 – 43 所示，定影器由输送电机 M1 驱动，更换输送电机如图 5 – 22 所示。

另需注意，更换定影器后，需使用维修模式清除定影器旋转时间的计数：选择维修模式→计数器→使用寿命，然后清除定影器旋转时间（Fusing Unit Rotation Time）的计数。

5.3　纸路的卡纸代码

纸路卡纸代码的显示如图 5 – 47 所示。但需注意，"选择维修模式（Service

Mode）→系统 2（System 2）→卡纸代码显示设置（JAM Code Display Setting）"，设置成"显示（Display）"时，卡纸代码才能显示。

图 5-47　卡纸代码的显示

5.3.1　主机的卡纸代码

表 5-1 列出柯尼卡美能达（bizhub223、283、7828、363 和 423）、震旦（AD289、369 和 429）等数码复印机主机的卡纸代码。

表 5-1　部分数码复印机主机的卡纸代码

卡纸代码	卡纸部位	卡纸原因	检查/处理
10-01	手送纸卡纸	复印纸引导边未在规定时刻到达纸盒 2 垂直输送传感器 PS28 或图像写入信号异常	（1）检查 PS28、CL81、SD81 和 M1；（2）更换打印控制板（PRCB）
10-40			
11-01	纸盒 1 卡纸	复印纸引导边未在规定时刻到达对位传感器 PS1；重试时 PS1 又检测到复印纸已通过	（1）检查 PS1、CL11 和 M1；（2）更换打印控制板
11-44			
12-01	纸盒 2 卡纸	复印纸引导边未在规定时刻到达纸盒 2 垂直输送传感器 PS28 或图像写入信号异常	（1）检查 PS28、CL21、CL22 和 M1；（2）更换打印控制板
12-40			
20-01	垂直输送卡纸	纸盒 2（纸盒 3、纸盒 4 同）供纸时，复印纸未在规定时刻到达对位传感器或纸盒 2 垂直输送传感器	（1）检查 PS1、PS28、CL22、CL1 和 M1；（2）更换打印控制板
20-11			

卡纸代码	卡纸部位	卡 纸 原 因	检 查／处 理
30－01	转印卡纸	复印纸尾边未在规定时刻通过PS1或引导边未在规定时刻到达排纸传感器PS3	（1）检查 PS1、PS3、CL1 和 M1；（2）更换打印控制板
30－03			
32－01	排纸卡纸	双面复印时，复印纸引导边未在规定时刻到达上输送传感器PS92或复印纸通过PS3的时序异常	（1）检查 PS92、PS3、M1 和 M91；（2）更换打印控制板
32－05			
32－31			
92－01	双面预对位卡纸	复印纸未在规定时刻到达对位传感器PS1或图像写入信号异常	（1）检查 PS1、M1、M91 和 M92；（2）更换打印控制板
92－40			
93－01	双面输送卡纸	复印纸未在规定时刻通过PS92；复印纸未在规定时到达或通过PS93	（1）检查 PS92、PS93、M91 和 M92；（2）更换打印控制板
99－01	控制器卡纸	由于复印纸尺寸或方向错误，控制器强行停止复印	（1）重选纸路或重放复印纸；（2）更换打印控制板

5.3.2 选件的卡纸代码

1. 双格纸盒与大容量纸盒的卡纸代码

选件双格纸盒包括纸盒 3 和纸盒 4，大容量纸盒的缩写为 LCT。表 5－2 列出双格纸盒和大容量纸盒的卡纸代码。

表 5－2 双格纸盒和大容量纸盒的卡纸代码

卡纸代码	卡纸部位	卡 纸 原 因	检 查／处 理
13－01	纸盒 3 卡纸	纸盒 3 供纸，复印纸引导边未在规定时刻到达纸盒 3 垂直输送传感器 PS36 或图像写入信号异常	（1）检查 PS1、PS36、PS28、M31 和 M32；（2）更换纸盒控制板或打印控制板
13－40			
14－01	纸盒 4 卡纸	纸盒 4 供纸，复印纸引导边未在规定时刻到达纸盒 4 垂直输送传感器 PS46 或图像写入信号异常	（1）检查 PS1、PS46、PS36、PS28、M41 和 M42；（2）更换纸盒控制板或打印控制板
14－40			
15－01	LCT 进纸卡纸	LCT 供纸，复印纸引导边未在规定时刻到达供纸传感器 PS51 或图像写入信号异常	（1）检查 PS51、PS52、PS28、PS1、M51 和 M52；（2）更换 LCT 控制板或打印控制板
15－40			
15－43			
17－08	LCT 垂直输送卡纸	复印纸引导边未在规定时刻到达 PS51 或垂直输送传感器 PS52；复印纸通过 PS52 时序异常	（1）检查 PS51、PS52、PS1、PS28、CL22、CL1 和 M1；（2）更换打印控制板
17－21			
17－22			

卡纸代码	卡纸部位	卡纸原因	检查／处理
20－12	垂直输送卡纸	纸盒3供纸，复印纸未在规定时刻通过PS36	（1）检查 PS1、PS36、PS28、M31 和 M32；（2）更换纸盒控制板或打印控制板
20－13		纸盒4供纸，复印纸未在规定时刻通过PS46	（1）检查 PS1、PS46、PS36、PS28、M41 和 M42；（2）更换纸盒控制板或打印控制板
20－21		纸盒3、纸盒4或LCT供纸，复印纸未在规定时刻到达PS28	（1）检查 PS1、PS28、PS36、PS46、CL22、CL1、M1、M31、M32、M41 或 M42；（2）更换纸盒控制板或打印控制板
20－22		纸盒4供纸，复印纸未在规定时刻到达PS36	（1）检查 PS1、PS46、PS36、PS28、M41 和 M42；（2）更换纸盒控制板或打印控制板

2. ADF 的卡纸(卡稿)代码

对亚洲国家和地区，ADF 为柯尼卡美能达 bizhub423（震旦 AD429 同）的标配，其他机器为选件。对北美和欧洲，ADF 为柯尼卡美能达 bizhub423 和 363 的标配，其他机器为选件。表5－3列出 ADF 的卡纸(确切地说，是卡稿)代码。

表5－3　ADF 的卡纸代码

卡纸代码	卡纸部位	卡纸原因	检查／处理
66－01	ADF反转卡纸	原稿未在规定时刻到达或通过对位传感器PS3；原稿未在规定时刻到达读取辊传感器PS4	（1）检查 PS3、PS4、M1 和 SD1；（2）更换 ADF 控制板
66－11			
66－21			
66－02	ADF进纸卡纸	分离辊传感器PS2未在规定时刻 ON	（1）检查 PS2、PS6、PS7、PS8、CL1、CL2 和 M2；（2）更换 ADF 控制板
66－12		ADF与主机检测的原稿尺寸不一致	
66－03	ADF输送卡纸	原稿未在规定时刻通过分离辊传感器PS2	（1）检查 PS2、PS3、PS4、M1 和 M2；（2）更换 ADF 控制板
66－13		原稿未在规定时刻到达对位传感器	
66－23		原稿未在规定时刻通过对位传感器	
66－33		原稿未在规定时刻到达读取辊传感器	
66－04	ADF排纸卡纸	原稿未在规定时刻到达排纸传感器PS5	（1）检查 PS4、PS5 和 M1；（2）更换 ADF 控制板
66－14		原稿未在规定时刻通过排纸传感器	
66－24		反转时，原稿未在规定时刻到达排纸传感器	
66－34		反转时，原稿未在规定时刻通过排纸传感器	

卡纸代码	卡纸部位	卡纸原因	检查/处理
66－05	ADF 读取卡纸	读取辊传感器 OFF 后,原稿未在规定时刻通过排纸传感器	(1)检查 PS3、PS4、M1 和 M3;(2)调整原稿停止位置;(3)更换 ADF 控制板
66－15		反转对位后,原稿未在规定时刻通过读取辊传感器	
66－06		读取辊传感器提前 ON	
66－07		传感器在非规定时刻检测到原稿(ADF 内存在未被传感器检测到的剩余原稿引起)	

3. 其他选件的卡纸代码

表 5－4 列出其他选件的卡纸代码。

表 5－4　其他选件的卡纸代码

卡纸代码	卡纸部位	卡纸原因	检查/处理
72－14	FS－527 输送卡纸	复印纸未在规定时刻到达鞍式纸路传感器 PS11	(1)检查 PS9、PS11 和 M4;(2)更换 FS－527 控制板
72－15		复印纸未在规定时刻通过鞍式纸路传感器	(1)检查 PS11;(2)更换 FS－527 控制板
72－16		纸路传感器 1PS1 未在规定时刻 ON 或 PS1 异常 ON/OFF	(1)检查 PS3、PS1、M1 和 M3;(2)更换 FS－527 控制板
72－16	JS－505 输送卡纸	复印纸未在规定时刻到达或通过上(下)盘排纸传感器 PS2(PS1)	(1)检查前门传感器 PS3、PS1、PS2 和 M1;(2)更换 JS－505 控制板或打印控制板
72－17	FS－527 FS－529 输送卡纸	复印纸未在规定时刻到达或通过纸路传感器 2(FS－527 为 PS2,FS－529 为 PS10)	(1)检查 PS1 和 PS2(FS－527)或 PS10(FS－529);(2)更换 FS－527 或 FS－529 控制板
72－18		FS－527:复印纸未在规定时刻到达或通过对位传感器 PS10	(1)检查 PS2 和 PS10;(2)更换 FS－527 控制板
72－19		FS－527:复印纸未在规定时刻到达或通过下(上)纸路传感器 PS9(PS8)	(1)检查 PS8、PS9、PS10 和 M4;(2)更换 FS－527 控制板
72－21		FS－527:复印纸未在规定时刻到达纸盘 2 纸检测传感器 PS16;FS－529:复印纸未在规定时刻到达或通过无纸传感器 PS7	(1)FS－527 检查 PS9 和 PS16;FS－529 检查 PS10 和 PS7;(2)更换 FS－527 或 FS－529 控制板
72－22		FS－527:复印纸未在规定时刻到达或通过纸盘 1 纸路传感器 PS6	(1)检查 PS10 和 PS6;(2)更换 FS－527 控制板

卡纸代码	卡纸部位	卡纸原因	检查／处理
72－26	SD－509 排纸卡纸	复印纸未在规定时刻通过纸检测传感器2PS44	(1)检查PS44;(2)更换SD－509驱动板或FS－527控制板
72－43	PK－517 卡纸	安装FS－527和PK－517时,打孔初始位置传感器1PS100 ON异常	(1)检查PS100和打孔电机1M100;(2)更换FS－527控制板
72－86	SD－509 输送卡纸	安装FS－527和SD－509时,复印纸未在规定时刻到达纸检测传感器1PS43	(1)检查PS11和PS43;(2)更换SD－509驱动板或FS－527控制板
72－87		安装FS－527和SD－509时,复印纸未在规定时刻到达纸检测传感器2PS44	(1)检查PS11和PS44;(2)更换SD－509驱动板或FS－527控制板

5.4　纸路的故障代码

故障代码的显示如图5-48所示。故障代码分A、B、C三级。排除故障后,C级故障代码使主电源开关OFF/ON复位,B级故障代码开关机器右门复位。A级故障代码需使主电源开关OFF、然后按住"效用/计数器(Utility/Counter)"键使主电源开关ON、触摸"故障复位(Trouble Reset)"、确认显示"确定(OK)"后使主电源开关OFF、10s后ON复位。

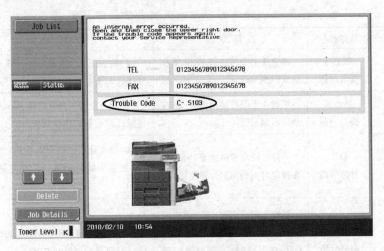

图5-48　故障代码的显示

273

表 5 - 5 中的故障代码均为 B 级。表 5 - 6 中的代码 C3421、C3423、C3721、C3723、C3821、C3823 为 A 级,其余为 B 级。

5.4.1 主机的故障代码

表 5 - 5 列出主机部分与卡纸有关的故障代码。

表 5 - 5 主机部分与卡纸有关的故障代码

故障代码	故障部位	故障原因	检查 / 处理
C0202	纸盒 1 进纸升/降异常	纸盒 1 上限传感器 PS12 未在规定时刻 OFF	(1)检查纸盒 1 提升电机 M11、PS12 及连线;(2)更换 M11 或打印控制板
C0204	纸盒 2 进纸升/降异常	纸盒 2 上限传感器 PS22 未在规定时刻 OFF	(1)检查纸盒 2 提升电机 M21、PS22 及连线;(2)更换 M21 或打印控制板
C0211	手送纸盘升/降异常	复印纸未在规定时刻到达手送提升位置传感器 PS83	(1)检查输送电机 M1、手送搓纸电磁开关 SD81、PS83 及连线;(2)更换 M1 或打印控制板
C5102 C5103	输送电机 M1不转或旋转时序异常	输送电机 M1 锁定信号异常	(1)检查 M1 及连线;(2)更换 M1 或打印控制板

5.4.2 选件的故障代码

表 5 - 6 列出选件部分与卡纸有关的故障代码。

表 5 - 6 选件部分与卡纸有关的故障代码

故障代码	故障部位	故 障 原 因	检查 / 处理
C0206	纸盒 3 提升故障	纸盒 3 上限传感器 PS33 未在规定时刻 OFF	(1)检查纸盒 3 提升电机 M33、PS33 及连线;(2)更换打印控制板
C0208	纸盒 4 提升故障	纸盒 4 上限传感器 PS43 未在规定时刻 OFF	(1)检查纸盒 4 提升电机 M43、PS43 及连线;(2)更换打印控制板
C0209	LCT升降故障	升降电机位置传感器 PS5A 未在规定时刻检测到升降变化	(1)检查升降电机 M55、PS5A 及连线;(2)更换中继板 PCREYB 或控制板 PC-CB51
C0210	LCT提升故障	提升上限(下降下限)传感器 PS54(PS5D)未在规定时刻 OFF;纸下降时,下降超限传感器 PS57 OFF	(1)检查 PS54、PS5D、PS5A、PS57 及连线;(2)更换控制板 PCCB51

故障代码	故障部位	故障原因	检查／处理
C0212	LCT 锁定故障	LCT 解锁异常	(1)检查锁定电磁开关 SD51 及连线；(2)更换控制板 PCCB51
C0213	LCT 移动门故障	隔板位置传感器 PS5E 检测异常	(1)检查 PS5E、隔板位置电机 M53 及连线；(2)更换控制板 PCCB51
C0214	LCT 移动故障	移动停止位置传感器 PS5B、移动电机传感器 PS58、移动初始位置传感器 PS5C ON/OFF 异常	(1)检查 PS5B、PS58、PS5C 及连线；(2)更换控制板 PCCB51
C0215	LCT 移动电机故障	移动电机传感器未在规定时刻检测到移动变化	(1)检查 PS58、移动电机 M54 及连线；(2)更换控制板 PCCB51
C1113	中央装订引导边止动器电机故障	安装 FS－527 和 SD－509 时，引导边止动初始位置传感器 PS45 异常	(1)检查 PS45、引导边止动电机 M20 及连线；(2)更换 M20、SD 驱动板 SDDB 或 FS－527 控制板
C1114	中央装订前校准电机故障	安装 FS－527 和 SD－509 时，中央装订前校准初始位置传感器 PS42 异常	(1)检查 PS42、中央装订前校准整电机 M24 及连线；(2)更换 SD 驱动板或 FS－527 控制板
C1115	中央装订刀驱动电机故障	安装 FS－527 和 SD－509 时，中央折叠板初始位置传感器 PS47 异常	(1)检查 PS47、中央折叠板电机 M26 及连线；(2)更换 M26、SD 驱动板或 FS－527 控制板
C1116	中央装订输送电机故障	安装 FS－527 和 SD－509 时，中央折叠辊电机 M25 速度异常	(1)检查 M25 及连线；(2)更换 SD 驱动板或 FS－527 控制板
C1150	中央装订后校准电机故障	安装 FS－527 和 SD－509 时，中央装订后校准初始位置传感器 PS41 异常	(1)检查 PS41、中央装订后校准电机 M23 及连线；(2)更换 SD 驱动板或 FS－527 控制板
C1156	中央装订叶片辊电机故障(尾边)	安装 FS－527 和 SD－509 时，纸检测传感器 1PS43/2PS44 未在规定时刻 ON	(1)检查上叶片电机 M21、PS43、PS44 及连线；(2)更换 M21、SD 驱动板或 FS－527 控制板
C1158	中央装订叶片辊电机故障(引导边)	安装 FS－527 和 SD－509 时，纸检测传感器 1PS43/2PS44 未在规定时刻 ON	(1)检查下叶片电机 M22、PS43、PS44 及连线；(2)更换 M22、SD 驱动板或 FS－527 控制板

故障代码	故障部位	故障原因	检查/处理
C1181	皮带升降移动故障	安装 FS-529 时，皮带位置传感器 PS13 ON/OFF 异常	(1)检查 PS13、输送电机 1M5、皮带回缩电磁开关 SD5 及连线；(2)更换 M5、SD5 或装 FS-529 控制板
C1182	移动电机驱动故障	安装 JS-505 时，移动初始位置传感器 PS6 ON/OFF 异常；安装 FS-527 时，纸盘 2 移动初始位置传感器 PS25 ON/OFF 异常	安装 JS-505 时：(1)检查 PS6、移动电机 M2 及连线；(2)更换 M2 或 JS-505 控制板； 安装 FS-527 时：(1)检查 PS25、纸盘 2 移动电机 M16 及连线；(2)更换 M16 或 FS-527 控制板
C1183	升降驱动故障	安装 FS-527 时，下降期间纸盘 2 上/下限传感器 PS24/PS21 同时 OFF；升降电机 M15 ON 后，纸盘 2 上/下限开关 SW2/SW3 同时 ON； 安装 FS-529 时，排纸盘上移时纸盘下限传感器 PS6 OFF 异常或纸面检测传感器 1PS2/2PS3 ON 异常；排纸盘下移时纸盘下限传感器 PS6 ON 异常	安装 FS-527 时：(1)检查 PS21、PS24、SW2、SW3、M15 及连线；(2)更换 M15 或 FS-527 控制板； 安装 FS-529 时：(1)检查 PS6、PS2、PS3、纸盘升降电机 M2 及连线；(2)更换 M2 或 FS-529 控制板
C1190	校准板电机驱动故障	安装 FS-527 时，校准板初始位置传感器 PS17 异常	(1)检查 PS17、校准电机 M13 及连线；(2)更换 M13 或 FS-527 控制板
C1190	后校准板驱动故障	安装 FS-529 时，后校准板初始位置传感器 PS9 异常	(1)检查 PS9、后校准电机 M4 及连线；(2)更换 M4 或 FS-529 控制板
C1191	前校准板驱动故障	安装 FS-529 时，前校准板初始位置传感器 PS8 异常	(1)检查 PS8、前校准电机 M3 及连线；(2)更换 M3 或 FS-529 控制板
C1194	引导边止动电机驱动故障	引导边止动初始位置传感器 PS20（FS-527）/PS14（FS-529）异常	安装 FS-527 时：(1)检查 PS20、引导边止动电机 M14 及连线；(2)更换 M14 或 FS-527 控制板； 安装 FS-529 时：(1)检查 PS14、装订电机 M8 及连线；(2)更换装订单元或 FS-529 控制板

故障代码	故障部位	故障原因	检查／处理
C11A1	纸盘 2 排纸轮加压/回缩故障	安装 FS－527 时,排纸辊加压传感器 PS12 异常	(1)检查 PS12、排纸轮回缩电机 M9 及连线;(2)更换 M9 或 FS－527 控制板
	排纸辊加压/回缩故障	安装 FS－529 时,搓纸轮位置传感器 PS12 异常	(1)检查 PS12、搓纸轮定位电机 M1 及连线;(2)更换 M1 或 FS－529 控制板
C11A2	调整辊加压/回缩故障	安装 FS－527 时,校准辊加压传感器 PS13 异常	(1)检查 PS13、调整辊回缩电机 M10 及连线;(2)更换 M10 或 FS－527 控制板
C11A7	纸盘 3 排纸轮加压/回缩故障	安装 JS－603 时,纸盘 3 排纸辊回缩传感器 PS35 异常	(1)检查 PS35、纸盒 3 排纸轮回缩电机 M17 及连线;(2)更换 M17 或 JS－603 控制板
C11B0	装订器移动驱动故障	装订器初始位置传感器 1PS18/2PS19（FS－527）、PS11（FS－529）异常	安装 FS－527 时:(1)检查 PS18、PS19、装订器移动电机 M11 及连线;(2)更换 M11 或 FS－527 控制板; 安装 FS－529 时:(1)检查 PS11、装订器移动电机 M7 及连线;(2)更换 M7 或 FS－529 控制板
C11C0	打孔电机驱动故障	安装 FS－527 和 PK－517 时,打孔初始位置传感器 1PS100 未在规定时刻 ON	(1)检查 PS100、打孔电机 1M100 及连线;(2)更换 M100 或 FS－527 控制板
C11E0	双面纸路切换电机驱动故障	安装 FS－527 时,双面纸路切换传感器 PS3 异常	(1)检查 PS3、双面纸路切换电机 M2 及连接;(2)更换 M2 或 FS－527 控制板
	作业分离器路径切换故障	安装 JS－505 时,路径切换初始位置传感器 PS4 未在规定时刻 OFF	(1)检查 PS4、回缩电机 M3 及连接;(2)更换 M3 或 JS－505 控制板
C11E1	上下纸路切换电机驱动故障	安装 FS－527 时,上下纸路切换传感器 PS26 异常	(1)检查 PS26、上下纸路切换电机 M6 及连接;(2)更换 M6 或 FS－527 控制板
C11E2	纸盘 1 纸路切换电机驱动故障	安装 FS－527 时,纸盘 1 纸路切换传感器 PS7 异常	(1)检查 PS7、纸盘 1 纸路切换电机 M8 及连接;(2)更换 M8 或 FS－527 控制板

故障代码	故障部位	故障原因	检查／处理
C3421	定影加热器故障（中央）	定影器未在规定时间完成预热	（1）确认定影器安装到位及连接、检查机器右门开关及连接；（2）更换定影器、直流电源板或打印控制板
C3423	定影加热器故障（两端）		
C3721	定影器异常高温（中央）	在规定时间内,定影温度高异常	（1）确认定影器安装到位及连接、检查机器右门开关及连接；（2）更换定影器、直流电源板或打印控制板
C3723	定影器异常高温（两端）		
C3821	定影器异常低温（中央）	在规定时间内,定影温度低异常	（1）确认定影器安装到位及连接、检查机器右门开关及连接；（2）更换定影器、直流电源板或打印控制板
C3823	定影器异常低温（两端）		

5.5　纸路的检查代码

5.5.1　维修模式

1. 进入维修模式

机器主电源开关 ON。顺序按"效用/计数器（Utility/Counter）键、详情（Details）键、停止（Stop）键、数字键 0（2 次）、停止键、数字键 0、数字键 1",输入 CE 密码（初始值:92729272,输入后显示＊＊＊＊＊＊＊＊）按"结束（END）键",机器进入维修模式,显示维修模式菜单屏,如图 5 - 49 所示。

2. 退出维修模式

按"退出（Exit）键",机器主电源开关 OFF/ON,机器退出维修模式。但应注意,若更改过数据（设置或调整值）,需使机器主电源开关 OFF 10s 后再使机器主电源开关 ON,以确保更改数据生效。

5.5.2　传感器检查

在维修模式菜单屏上按"状态确认（State Confirmation）→传感器检查（Sensor Check）"显示传感器检查屏（用↑↓键转换屏 1 至屏 6）;在维修模式菜单屏上按"ADF"→"传感器检查（Sensor Check）"显示 ADF 传感器检查（ADF Sensor Check）屏,如图 5 - 50 所示。表 5 - 7 ～ 表 5 - 13 是传感器检查表（包括 2 处电机和 2 处风扇锁定状态的检查,用斜体表示）。

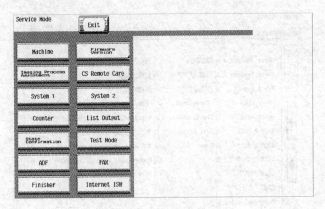

图 5-49 维修模式菜单屏

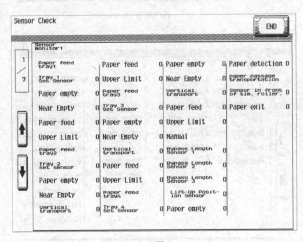

(a)屏1

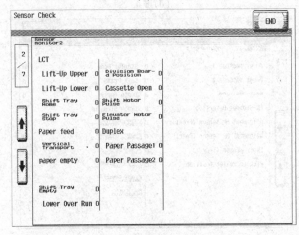

(b)屏2

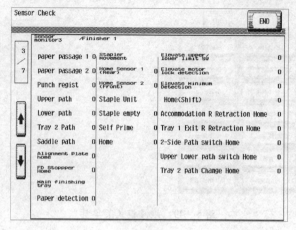

(c)屏3

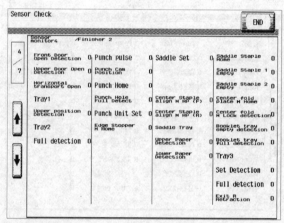

(d)屏4

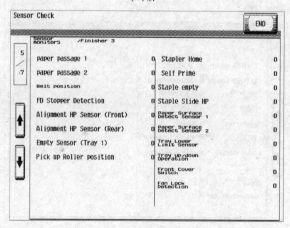

(e)屏5

280

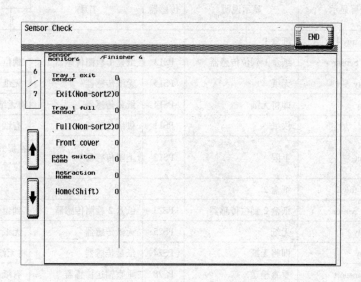

(f) 屏 6

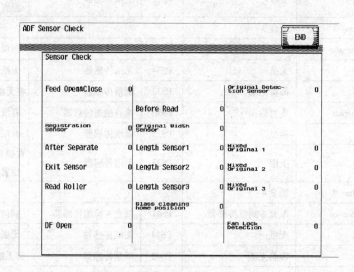

(g) 屏 7

图 5 – 50　传感器检查屏

表 5 -7　传感器检查表 1(对应传感器检查屏 1：主机 + PC - 109/208)

检查屏显示	显示说明	传感器	名称	显示意义	
				1	0
Paper feed tray 1	纸盒 1				
Tray 1 Set Sensor	纸盒 1 到位传感器	PS13	纸盒 1 检测传感器	到位	不到位
Paper empty	无纸	PS15	无纸传感器	无纸	有纸
Near Empty	即将无纸	PS14	纸量传感器	将无纸	尚有纸
Paper feed[1]	供纸	PS11	供纸传感器	有纸	无纸
Upper Limit	上限	PS12	上限传感器	在提升位置	非提升位置
Paper feed tray 2	纸盒 2				
Tray 2 Set Sensor	纸盒 2 到位传感器	PS23	纸盒 2 检测传感器	到位	不到位
Paper empty	无纸	PS25	无纸传感器	无纸	有纸
Near Empty	即将无纸	PS24	纸量传感器	将无纸	尚有纸
Vertical transport	垂直输送	PS28	垂直输送传感器	有纸	无纸
Paper feed	供纸	PS21	供纸传感器	有纸	无纸
Upper Limit	上限	PS22	上限传感器	在提升位置	非提升位置
Paper feed tray 3	纸盒 3				
Tray 3 Set Sensor	纸盒 3 到位传感器	PS31	纸盒 3 检测传感器	到位	不到位
Paper empty	无纸	PS34	无纸传感器	无纸	有纸
Near Empty	即将无纸	PS32	纸量传感器	将无纸	尚有纸
Vertical transport	垂直输送	PS36	垂直输送传感器	有纸	无纸
Paper feed	供纸	PS35	供纸传感器	有纸	无纸
Upper Limit	上限	PS33	上限传感器	在提升位置	非提升位置
Paper feed tray 4	纸盒 4				
Tray 4 Set Sensor	纸盒 4 到位传感器	PS41	纸盒 4 检测传感器	到位	不到位
Paper empty	无纸	PS44	无纸传感器	无纸	有纸
Near Empty	即将无纸	PS42	纸量传感器	将无纸	尚有纸
Vertical transport	垂直输送	PS46	垂直输送传感器	有纸	无纸
Paper feed	供纸	PS45	供纸传感器	有纸	无纸
Upper Limit	上限	PS43	上限传感器	在提升位置	非提升位置

（续）

检查屏显示	显示说明	传感器	名 称	显示意义	
				1	0
Manual	手送纸				
Bypass Length Sensor 1	手送纸长度传感器 1	PS84	长度传感器 1	有纸	无纸
Bypass Length Sensor 2	手送纸长度传感器 2	PS85	长度传感器 2	有纸	无纸
Bypass Length Sensor 3	手送纸长度传感器 3	PS86	长度传感器 3	有纸	无纸
Lift – Up Position Sensor	提升位置传感器	PS83	提升位置传感器	有效位置	待命位置
Paper empty	无纸	PS82	无纸传感器	无纸	有纸
Paper detection	纸检测	PS81	纸检测传感器	有纸	无纸
Paper passage transportation	输送				
Sensor in front of time roller	对位辊前传感器	PS1	对位传感器	有纸	无纸
Paper exit	排纸	PS3	排纸传感器	有纸	无纸

注1：仅柯尼卡美能达 bizhub423 和震旦 AD429

表5－8　传感器检查表2（对应传感器检查屏2：主机＋PC－409）

检查屏显示	显示说明	传感器	名 称	显示意义	
				1	0
LCT	大容量纸盒				
Lift – Up Upper	提升上限	PS54	提升上限传感器	在提升位置	非提升位置
Lift – Up Lower	提升下限	PS5D	下降下限传感器	在下降位置	非下降位置
Shift Tray Home	移动盘初始位置	PS5C	移动初始位置传感器	在初始位置	非初始位置
Shift Tray Stop	移动盘停止	PS5B	移动停止位置传感器	在停止位置	非停止位置
Paper feed	供纸	PS51	供纸传感器	有纸	无纸
Vertical Transport	垂直输送	PS52	垂直输送传感器	有纸	无纸
Paper empty	无纸	PS53	无纸传感器	无纸	有纸
Shift Tray Empty	移动盘无纸	PS59	移动盘无纸传感器	无纸	有纸

检查屏显示	显示说明	传感器	名　称	显示意义	
				1	0
Lower Over Run	下降超限	PS57	下降超限传感器	故障	可操作
Division Board Position	隔板位置	PS5E	隔板位置传感器	在初始位置	非初始位置
Cassette Open	打开纸盒	PS56	纸盒检测传感器	纸盒开	纸盒关
Shift Motor Pulse	移动电机脉冲	PS58	移动电机传感器	断	通
Elevator Motor Pulse	升降电机脉冲	PS5A	升降电机位置传感器	断	通
Duplex	双面器				
Paper passage 1	双面纸路1	PS92	上输送传感器	有纸	无纸
Paper passage 2	双面纸路2	PS93	下输送传感器	有纸	无纸

表5-9　传感器检查表3(对应传感器检查屏3:FS-527)

检查屏显示	显示说明	传感器	名　　称	显示意义	
				1	0
Finisher1	排纸处理器1				
paper passage 1	纸路1	PS1	纸路传感器1	有纸	无纸
paper passage 2	纸路2	PS2	纸路传感器2	有纸	无纸
punch regist	打孔对位	PS10	对位传感器	有纸	无纸
Upper path	上纸路	PS8	上纸路传感器	有纸	无纸
Lower path	下纸路	PS9	下纸路传感器	有纸	无纸
Tray 2 Path	纸盘2纸路	PS6	纸盘1纸路传感器	有纸	无纸
Saddle path	鞍式纸路	PS11	鞍式纸路传感器	有纸	无纸
Alignment Plate home	校准板初始位置	PS17	校准板初始位置传感器	在初始位置	非初始位置
FD Stopper Home	FD止动器初始位置	PS20	引导边止动初始位置传感器	在初始位置	非初始位置
Main finishing tray	主排纸处理盘				
Paper detection	纸检	PS16	纸盘2纸检测传感器	有纸	无纸
Stapler Movement	装订器移动				
Home Sensor 1（Rear）	初始位置传感器1(后)	PS18	装订初始位置传感器1	在初始位置	非初始位置

284

检查屏显示	显示说明	传感器	名　称	显示意义	
				1	0
Home Sensor 2（Front）	初始位置传感器2(前)	PS19	装订初始位置传感器2	在初始位置	非初始位置
Staple Unit	装订单元				
Staple empty	缺钉	—	—	无钉	有钉
Self Prime	自填充	—	—	有钉	无钉
Home	初始位置	—	—	在初始位置	非初始位置
Elevate upper/lower limit SW	升降上/下限开关	SW2	纸盘2上限开关	在下限	非下限
		SW3	纸盘2下限开关		
Elevate motor lock detection	升降电机锁定检测	*M15*	升降电机	锁定	非锁定
Elevate Minimum Detection	升降下限检测	PS21	纸盘2下限传感器	在下限	非下限
Home（Shift）	初始位置(移动)	PS25	纸盘2移动初始位置传感器	后	前
Accommodation R Retraction Home	校准辊回缩初始位置	PS13	校准辊加压传感器	非电气限制	电气限制
Tray 1 Exit R Retraction Home	纸盘1排纸辊回缩初始位置	PS12	排纸辊加压传感器	非电气限制	电气限制
2－Side Path Switch Home	双面纸路切换初始位置	PS3	双面纸路切换传感器	双面	非双面
Upper Lower path switch Home	上下纸路切换初始位置	PS26	上下纸路切换传感器	上纸路	下纸路
Tray 2 Path Change Home	纸盘2纸路切换初始位置	PS7	纸盘1纸路切换初始位置传感器	纸盘1	上纸路

注:纸盘1意为纸盘在下限;纸盘2意为纸盘在上限

285

表 5 - 10　传感器检查表 4(对应传感器检查屏 4:
FS - 527/SD - 509/PK - 517/JS - 603)

检查屏显示	显示说明	传感器	名 称	显示意义	
				1	0
Finisher 2	排纸处理器 2				
Front Door Open Detection	前门开检测	SW1	前门开关	关	开
Upper Door Open Detection	上门开检测	PS14	上门传感器	关	开
Horizontal transport Open	水平输送开	PS5	水平输送盖传感器	关	开
Tray 1	纸盘 1				
Upper position Detection	上限检测	PS24	纸盘 2 上限传感器	顶部	非顶部
Tray 2	纸盘 2				
Full detection	满检测	PS22	纸盘 1 满传感器	满	未满
Punch pulse	打孔脉冲	PS300	打孔脉冲传感器 1	ON	OFF
Punch Cam Position	打孔凸轮位置	PS200	打孔凸轮位置传感器	在初始位置	非初始位置
Punch Home	打孔初始位置	PS100	打孔初始位置传感器 1	在初始位置	非初始位置
Punch Hole Full Detect	打孔满检测	PS30	打孔满传感器	满	未满
Punch Unit Set	打孔单元到位	—	—	到位	未到位
Edge Stopper M Home	引导边止动器初始位置	PS45	引导边止动初始位置传感器	在初始位置	非初始位置
Saddle Set	鞍式到位	—	—	到位	未到位
Center Staple align M HP (F)	中央装订前校准初始位置	PS42	中央装订前校准初始位置传感器	在初始位置	非初始位置
Center Staple align M HP (R)	中央装订后校准初始位置	PS41	中央装订后校准初始位置传感器	在初始位置	非初始位置
Saddle Tray	鞍式装订盘				
Upper Paper Detection	上纸检测	PS43	纸检测传感器 1	有钉	无钉
Lower Paper Detection	下纸检测	PS44	纸检测传感器 2	装订	非装订
Saddle Staple Home	鞍式装订初始位置	—	—	在初始位置	非初始位置

286

（续）

检查屏显示	显示说明	传感器	名 称	显示意义	
				1	0
Saddle Staple 1 Empty	鞍式装订1无钉	—	—	有钉	无钉
Saddle Staple 2 Empty	鞍式装订2无钉	—	—	有钉	无钉
Center fold plate M Home	中央折叠板初始位置	PS47	中央折叠板初始位置传感器	在初始位置	非初始位置
Center fold M Lock detection	中央折叠电机锁定检测	*M25*	中央折叠辊电机	锁定	非锁定
Booklet tray empty detection	小册子盘无纸检测	PS48	小册子盘无纸传感器	有纸	无纸
Booklet tray full detection	小册子盘满检测	PS50	小册子盘满传感器	有纸	无纸
Tray 3	纸盘3				
Set Detection	到位检测	—	—	到位	未到位
Full detection	满检测	PS36	纸满传感器	满	未满
Exit R Retraction	排纸辊回缩	PS35	排纸辊回缩传感器	非电气限制	电气限制

注:纸盘1意为纸盘在下限;纸盘2意为纸盘在上限

表5-11 传感器检查表5(对应传感器检查屏5:FS-529)

检查屏显示	显示说明	传感器	名 称	显示意义	
				1	0
Finisher 3					
paper passage 1	纸路1	PS1	纸路传感器1	有纸	无纸
paper passage 2	纸路2	PS10	纸路传感器2	有纸	无纸
Belt position	皮带位置	PS13	皮带位置传感器	在初始位置	非初始位置
FD Stopper Detection	FD止动器检测	PS14	引导边止动器初始位置传感器	ON	OFF
Alignment HP Sensor (Front)	前校准初始位置传感器	PS8	前校准板初始位置传感器	在初始位置	非初始位置
Alignment HP Sensor (Rear)	后校准初始位置传感器	PS9	后校准板初始位置传感器	在初始位置	非初始位置

287

检查屏显示	显示说明	传感器	名　称	显示意义	
				1	0
Empty Sensor (Tray 1)	纸盘 1 无纸传感器	PS7	无纸传感器	有纸	无纸
Pick up Roller position	搓纸轮位置	PS12	搓纸轮位置传感器	非电气限制	电气限制
Stapler Home	装订器初始位置	—	—	在初始位置	非初始位置
Self Prime	自填充	—	—	有钉	无钉
Staple empty	无钉	—	—	无钉	有钉
Staple Slide HP	装订滑动初始位置	PS11	装订初始位置传感器	在初始位置	非初始位置
Paper Surface Detect Sensor 1	纸面检测传感器 1	PS2	纸面检测传感器 1	断	通
Paper Surface Detect Sensor 2	纸面检测传感器 2	PS3	纸面检测传感器 2	断	通
Tray Lower Limit Sensor	纸盘下限传感器	PS6	纸盘下限传感器	下限	非下限
Tray up/down Operation	纸盘升/降操作	PS4	纸盘升降传感器	断	通
Front Cover Switch	前盖开关	SW1	前门开关	关	开
Fan Lock Detection	风扇锁定检测	*FM1*	风扇电机	锁定	未锁定

表 5-12　传感器检查表 6(对应传感器检查屏 6:JS-505)

检查屏显示	显示说明	传感器	名　称	显示意义	
				1	0
Finisher 4	排纸处理器 4				
Tray 1 exit sensor	纸盘 1 排纸传感器	PS1	下盘排纸传感器	有纸	无纸
Exit (Non-sort2)	排纸(不分页 2)	PS2	上盘排纸传感器	有纸	无纸
Tray 1 full sensor	纸盘 1 满传感器	T1FDT B/LED	下盘纸满检测板/LED	满	未满
Full (Non-sort2)	满(不分页 2)	T2FDT B/LED	上盘纸满检测板/LED	满	未满
Front cover	前盖	PS3	前门传感器	关	开
path switch home	路径切换初始位置	PS4	路径切换初始位置传感器	在初始位置	非初始位置

288

检查屏显示	显示说明	传感器	名　称	显示意义	
				1	0
Retraction Home	回缩初始位置	PS5	加压/回缩初始位置传感器	在初始位置	非初始位置
Home（Shift）	初始位置（移动）	PS6	移动初始位置传感器	在初始位置	非初始位置

表 5 - 13　ADF 传感器检查表（对应 ADF 传感器检查屏）

检查屏显示	显示说明	传感器	名　称	显示意义	
				1	0
Feed Open & Close	进纸开关	PS14	上门传感器	开	关
Registration Sensor	对位传感器	PS3	对位传感器	有纸	无纸
After Separate	分离后	PS2	分离辊传感器	有纸	无纸
Exit Sensor	排纸传感器	PS5	排纸传感器	有纸	无纸
Read Roller	读取辊	PS12	读取辊释放位置传感器	加压	回缩
DF Open	DF 打开	RS201	原稿盖开关（主机）	开	关
Before Read	读取前	PS4	读取辊传感器	有纸	无纸
Original Width Sensor	原稿宽度传感器	VR1	CD 尺寸传感器	模拟值	
Length Sensor1	长度传感器 1	PS6	FD 尺寸传感器 1	有纸	无纸
Length Sensor2	长度传感器 2	PS7	FD 尺寸传感器 2	断	通
Length Sensor3	长度传感器 3	PS8	FD 尺寸传感器 3	有纸	无纸
Glass Cleaning home position	稿台清洁初始位置	PS13	稿台清洁辊初始位置传感器	在初始位置	非初始位置
Original Detection Sensor	原稿检测传感器	PS1	原稿到位传感器	有纸	无纸
Mixed Original 1	混合原稿 1	PS9	混合原稿传感器 1	有纸	无纸
Mixed Original 2	混合原稿 2	PS10	混合原稿传感器 2	有纸	无纸
Mixed Original 3	混合原稿 3	PS11	混合原稿传感器 3	有纸	无纸
Fan Lock Detection	风扇锁定检测	FM1	冷却扇	锁定	正常

5.6 纸路相关的检查与调整

5.6.1 检查调整定影温度

在维修模式菜单屏上按"状态确认（State Confirmation）→电平历史 1（Level History1）"，有"中央定影温度（Fusing Temperature（Main））"和"两端定影温度（Fusing Temperature（Sub））"显示。

一般地说，调高（低）定影温度，可增强色粉像定影的牢固度和复印件的光泽度（防止薄纸卷曲卡纸）。

在维修模式菜单屏上按"机器（Machine）→定影温度（Fusing Temperature）"，然后选纸：普通纸（Plain Paper）、厚纸（Thick1/Thick2）或 OHP 胶片（OHP Film），用"＋"或"－"键输入新设置（设置范围为 －20～＋10℃，每个数字改变 5℃）。设置完毕，按"结束（END）"键。

5.6.2 纸盒进纸部分的机械调整

1. 纸盒 1 或纸盒 2 进纸歪斜调整

此项调整的目的，是校正对位波幅（registration loop，或称对位拱曲量）不能校正的进纸歪斜情况，参照图 5 - 51 进行。

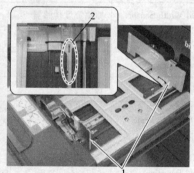

（a）使导板与复印纸间无隙　　　　　　（b）固定导板

图 5 - 51　进纸歪斜调整

其中：图（a），拉出纸盒装上纸，移动纸导板 1，使之与复印纸间无隙；图（b），取出复印纸，用螺钉 2 将导板 1 固定。

2. 纸盒 1 或纸盒 2 对中调整

此项调整的目的，是校正复印件图像的偏移情况，参照图 5 - 52 进行。

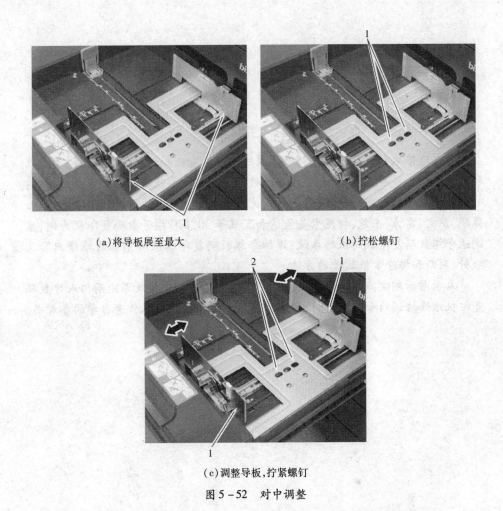

(a)将导板展至最大　　　　　　　　　　　　(b)拧松螺钉

(c)调整导板,拧紧螺钉

图5-52　对中调整

　　其中:图(a),先做测试复印检查偏移量,然后拉出纸盒,将纸导板1展至最大;图(b),拧松2颗螺钉1;图(c),根据偏移量移动导板1,调整对中位置。调毕,拧紧2颗螺钉2(可再做测试复印检查偏移量,必要时可反复调整)。

内 容 简 介

　　本书通俗地介绍数码复印机纸路系统维修的专业知识，突出广泛性、实用性和可参照性。将看似复杂、表现各异的数码复印机的卡纸现象归纳成两种情况：一种是光电开关检测到异常；另一种是光电开关本身故障。以佳能、理光、基士得耶、萨文、雷力、东芝、柯尼卡美能达和震旦等 30 多种型号数码复印机为例，系统地介绍数码复印机的纸路系统，详细介绍数码复印机纸路系统的维修内容及分析、判断和排除卡纸故障的方法。

　　本书图示翔实，可作为职业技术学院、电大、中专、中技及军地两用人才数码复印机维修培训的专业课教材，亦可作为数码复印机维修工作者自学的参考书。